少儿读经典

童心 ◎ 绘编

动物王国

U0221077

化学工业出版社
·北京·

图书在版编目（CIP）数据

动物王国 / 童心绘编 . — 北京：化学工业出版社，
2021.2
（少儿读经典）
ISBN 978-7-122-38166-8

Ⅰ . ①动… Ⅱ . ①童… Ⅲ . ①动物 - 少儿读物
Ⅳ . ① Q95-49

中国版本图书馆 CIP 数据核字（2020）第 243242 号

责任编辑：孙　炜　　　　　　　　　　　　　　装帧设计：宁静静
责任校对：宋　夏

出版发行：化学工业出版社（北京市东城区青年湖南街13号　邮政编码100011）
印　　装：三河市航远印刷有限公司
889mm×1194mm　1/24　印张9　2021年4月北京第1版第1次印刷

购书咨询：010-64518888　　　　　　　　　　售后服务：010-64518899
网　　址：http://www.cip.com.cn
凡购买本书，如有缺损质量问题，本社销售中心负责调换。

定　　价：35.00元

前言
Preface

　　茫茫宇宙，浩瀚星际，唯独蓝色地球最为耀眼。这里有千变万化的自然环境，更有数以千万计的生物物种。其中，极富生命力的动物无疑是这颗璀璨星球历史的见证者。它们有的游弋于水中，有的跳跃于林间，有的奔跑于陆地上，还有的翱翔于天际……从诞生的那一刻开始，动物就接受着自然的馈赠与挑战，历经沧海桑田，一直用最真实的活动诠释着生命之美。

　　《少儿读经典：动物王国》一书按照科学的方法分门别类地介绍了数种动物，从哺乳动物、鸟类、爬行动物、两栖动物、鱼类，以及无脊椎动物各代表门类动物群体出发，介绍了每一类动物的主要特征，并对典型物种的习性、分布地域以及栖息环境进行了详细的介绍；同时，本书还配有大量栩栩如生、极富视觉冲击力的手绘动物图片，使读者能更加直观地认识动物的外貌形态，了解其特点，从而全面、系统地掌握动物知识。另外，本书精心提炼了近百条动物小知识，介绍了许多动物鲜为人知的奇趣行为和特点，可以使读者在轻松愉悦的氛围下，畅游精彩纷呈的动物世界。

　　动物是人类的朋友。正是它们的繁衍生息，丰富了我们的地球，让它更加多姿多彩。令人遗憾的是，很多动物在人类揭开它们的神秘面纱之前就已经消失了。希望读者在本书的带领下，开启一段不平凡的旅程，发掘出动物世界的神奇奥秘。在增长知识、开阔视野的同时，树立起珍惜动物、保护动物的意识，与动物和谐相处，学会保护动物、保护环境，为可爱的动物创造一个美好的家园，并与其他生物共同演绎出地球生物界的盎然生机。

目录
CONTENTS

第一章 哺乳动物

第二章 鸟 类

第六章　无脊椎动物

第一章

哺乳动物

哺乳动物，因雌性以乳腺分泌的乳汁哺育后代而得名。哺乳动物能维持恒定的体温，大都全身覆毛，运动速度较快，是脊椎动物中躯体结构、功能行为最为复杂的高级动物群体。

针鼹科

长相酷似刺猬的针鼹科动物，属于单孔目动物。因为身体长有尖刺，主要以蚁类为食，有些针鼹科动物也被称为刺食蚁兽。目前，针鼹科包括两种针鼹，即长吻针鼹和短吻针鼹。

生活简介

针鼹科动物栖息在沙石密布、灌木丛生的岩石缝隙或自掘的洞穴中，主要依靠灵敏的听觉和嗅觉生活。它们的爪子强劲有力，能够快速挖土。遇到敌害时，还能像刺猬一样缩成球，保护自身安全。

短吻针鼹

短吻针鼹体毛较短，尖刺很长。它们长有能分泌黏液的长舌，吻部末端有粗大的鼻孔。这既能帮助它们捕食，又能保证它们在水中可以自由呼吸。

主要特征

背部、体侧覆有硬刺，腹部被毛；吻细长，鼻孔与口位于吻端；四肢短小，均为 5 趾。

长吻针鼹

体长 45 ~ 77cm
体重 5 ~ 10kg
食性 肉食。蚯蚓、蚁类
分布 新几内亚岛

长吻针鼹的体毛较多，刺较稀疏。它们主要以蚯蚓为食，分布范围小。目前，因栖息地遭到破坏以及人类猎杀，长吻针鼹的数量正在急剧减少。

袋鼠科

世界上的有袋目动物大约有350种。袋鼠科动物就是其中最典型的代表。在澳大利亚，无论是湿热多雨的雨林，还是炎热干燥的沙漠，都有它们的身影。本科动物是会跳高、跳远的胎生哺乳动物，因独特的行走姿势和母兽的育儿袋而闻名世界。

生活简介

袋鼠科动物食草，大多在夜晚活动，对不同环境都有很强的适应能力。它们不会正常行走，只能依靠强健的四肢进行跳跃。

幼儿温室

小袋鼠刚刚出生时，袋鼠妈妈会把它们放到育儿袋中喂养。在之后长达1年的时间里，袋鼠都靠母乳生活。随着体形越来越大，小袋鼠7个月左右就能离开育儿袋到外面活动了。这时，它们需要将头伸进育儿袋里才能吃到乳汁。

主要特征

头小，尾长，身体被毛；后肢比前肢发达；雌兽有袋囊，内有乳腺；不同种类之间差异很大。

灰大袋鼠

灰大袋鼠有着铁灰色的体毛和粗壮的尾巴。和其他袋鼠一样，它们跳跃时依靠后肢的力量，并用尾巴保持平衡。

红大袋鼠也称大赤袋鼠，是体形最大的有袋目动物。雄性体色是橙红色，而雌性是截然不同的褐灰色，体形也比雄性小。它们可以跳3米高、9米远，跑起来速度可达每小时60千米以上。

红大袋鼠

体长 0.8～1.6m
体重 18～90kg
食性 植食。嫩草、树叶等
分布 澳大利亚

袋鼠是怎样打架的？

袋鼠属于群居动物，经常大规模聚集在一起，让猎食者不敢轻易靠近。不过，看似团结的袋鼠为了争夺家族地位和交配权，有时也会爆发激战。两只袋鼠争斗时，会以粗壮的尾巴为支点站立起来，然后"手脚并用"，全力厮杀。必要时，它们还会用后腿狠踢对方。

短尾矮袋鼠

体长　40 ~ 55cm
体重　1.5 ~ 4.5kg
食性　植食。草、叶子、种子、根茎
分布　澳大利亚洛特尼斯岛

短尾矮袋鼠外表娇俏可爱，是最小的袋鼠之一。它们非常友善，喜欢和人类亲密接触。

生活简介

猬科动物生性胆小，非常孤僻，喜欢安静阴暗的环境。它们长有特殊的鼻子，嗅觉和触觉都很灵敏。白蚁等昆虫只要遇到这类小家伙，往往在劫难逃。本科动物大多昼伏夜出，除了取食各种小动物外，也吃一些植物。

猬 科

猬科动物分布在亚洲、欧洲、非洲的森林、草原以及荒漠地带。它们体表长满尖锐的棘刺，当危险来临时就会蜷缩成一个刺球，躲避敌害。

普通刺猬

普通刺猬体型较为圆润，行动缓慢，平时喜欢独自在傍晚活动，有冬眠的习惯。我们可以在森林、草原以及灌木丛等地找到它们的身影。

主要特征

背部体侧有棘刺，腹面被毛，尾短；吻部尖长，前后足均为 5 趾；牙齿尖锐，适于食虫。

大耳猬

体长 约 20cm
体重 约 280g
食性 杂食
分布 亚洲、非洲北部

大耳猬体形圆润，常见于亚洲和非洲北部的干燥地区，我国新疆、内蒙古等地均有分布。这种刺猬耳朵很大，突出于棘刺之外，故而得名。

8

北非沙漠猬是较小的刺猬之一，它们广泛分布在非洲北部的沙漠和干旱草原上。除了以昆虫和其他无脊椎动物为食外，北非沙漠猬偶尔也吃鸟卵和雏鸟。

北非沙漠猬

体长	15 ～ 25cm
体重	310 ～ 430g
食性	杂食。无脊椎动物、昆虫等
分布	非洲北部

鼹科

鼹科动物共有40多种，主要分布在欧亚大陆和北美地区。本科动物形如圆筒，肢体短小，但四足非常发达。因为自身嗅觉和触觉灵敏，能散发出强烈气味，所以即使视觉不够发达，它们也能自卫。

欧鼹

欧鼹毛皮柔软，可以随意在地下穴道中穿行。它们平时只要找到蠕虫等猎物，就会咬掉这些猎物的头，然后把猎物储存起来，等日后慢慢享用。

生活简介

鼹科动物喜欢独栖，但通常会与其他同类共用复杂的地洞系统，进食、繁殖等行为都在地洞中进行。它们口鼻异常灵敏，皮毛也可倒向任何方向，在地下生活得心应手。本科动物不冬眠，昼夜都可活动。

主要特征

头较尖，眼耳不明显；体表覆毛，毛质似绒般细滑；肩部肌肉发达，爪子外张；有臼齿，齿尖发达。

星鼻鼹

星鼻鼹是个名副其实的游泳高手，它们时常到水中捕捉猎物。科学家们研究发现，星鼻鼹每根肉质触毛上都有数千个感应器官。有了这些感应器，它们就能敏锐地捕捉到各种小型水生动物。

体长	15 ~ 20cm
体重	约 80g
食性	肉食。小鱼、无脊椎动物等
分布	北美洲东部

11

穿山甲科

穿山甲科是鳞甲目唯一的一科，因为体表有一层从厚皮生长出来的角质鳞甲，让它们看起来颇为与众不同。穿山甲科动物属于夜行性动物，平时主要栖息在山坡洞穴内，傍晚才外出觅食。它们外表大体相似，目前分为树栖和地栖两种。其中，树栖种类多分布在非洲大陆。

生活简介

穿山甲科动物食量很大。为了寻找食物，它们经常在地上四处挖洞，有时还会爬树。

主要特征

体表有角质鳞甲；吻尖长，无牙齿，舌头发达；前足中趾特长，善挖洞穴。

南非穿山甲

南非穿山甲行走缓慢，嗅觉灵敏，还会游泳。在受到威胁时，偶尔会用粗壮的尾巴打击猎食者。与其他穿山甲相比，南非穿山甲更擅长挖掘和筑巢。有时它们也会占用疣猪或土豚废弃的单穴。

中华穿山甲

体长　34 ～ 92cm
体重　2 ～ 3kg
食性　肉食。白蚁、蚂蚁、蜜蜂或
　　　其他昆虫
分布　中国及亚洲南部

　　中华穿山甲见于我国南方各省以及亚洲南部，多栖息在炎热潮湿的丘陵、山麓、平原、森林地带。雌性有背带小穿山甲外出的习惯。

松鼠科

松鼠科动物是啮齿目动物中的典型代表。它们长着毛茸茸的长尾巴，拥有尖锐的爪子和绝佳的视力，非常活跃。本科动物分布范围广，除了大洋洲之外，全世界的森林里几乎都有它们的身影。

主要特征

有臼齿、颌肌，前咬合力强；有些种类的前后肢之间有皮翼；多不冬眠。

欧亚红松鼠

欧亚红松鼠喜欢收集坚果、种子、菌类等食物，并习惯把这些食物小心翼翼地埋藏在隐蔽的地方。但因为记忆力有限，它们不得不再花费时间去寻找收藏食物的地方。

生活简介

松鼠科动物多栖息在针叶林或阔叶混交林中，有的在树上筑巢，有的则以树洞而居。它们行动敏捷，善于攀爬和跳跃，平时多单独于白天活动，在食物匮乏时也有成群迁移现象。

巨松鼠

体长 35 ~ 40cm
体重 1 ~ 3kg
食性 杂食
分布 亚洲东南部

巨松鼠是一种大型啮齿类动物，多栖息在海拔 2000 米以下的热带、亚热带雨林的高树上。与其他同类相比，巨松鼠的体形虽然很大，但它们的身姿却十分矫健，攀登、跳跃样样在行。

美洲飞鼠

体长 21 ~ 37cm，其中尾长 8 ~ 18cm
体重 75 ~ 125g
食性 杂食
分布 美国、加拿大

美洲飞鼠的滑翔膜从腕延伸到踝，当它们滑翔时，动作非常舒展。有关研究表明，美洲飞鼠能滑翔100多米，这让企图猎食它们的动物可望而不可即。

黑尾土拨鼠

体长 36 ~ 43cm
体重 0.7 ~ 1.4kg
食性 植食
分布 北美洲

黑尾土拨鼠的挖洞能力十分突出，它们的洞穴就像区域分明的"城镇"一样复杂。但成员们共用一条地道，食物也是共享的。

17

河狸科

河狸科动物堪称动物界伟大的"工程师"。它们会修筑水坝，建造木屋，有时甚至比人类还懂得如何改变周围环境，将灵感转为现实。

生活简介

河狸科动物属于半水栖动物，除了偶尔到岸上寻找食物外，大多数时间都待在水中。它们拥有浓厚的毛皮、扁平的尾巴以及带蹼的后爪，这让它们的游泳、潜水能力都十分出色。

北美河狸

北美河狸有咬断树枝、啃食树皮的习惯。它们多栖息在溪流、池塘和湖泊附近。

主要特征

体形肥大，绒毛浓密；四肢短粗，后肢较有力；尾大呈扁平状，覆鳞片。

欧亚河狸

体长 40 ~ 45m
体重 3 ~ 5kg
食性 植食。水生植物
分布 欧亚大陆

　　欧亚河狸广泛分布在北半球森林地带的河流、湖泊和沼泽地。它们性情温和，胆子很小，偏爱安静的环境。

19

树懒科

树懒科动物是典型的贫齿目动物，它们一生大部分时间都在睡觉，即使醒来，也喜欢静静地待在树上吃树叶，不怎么活动。

主要特征

鬃毛蓬松，头部又短又圆，耳小；前后肢各有3趾，锐爪均可弯曲；颈椎有9节。

褐喉三趾树懒

褐喉三趾树懒是分布较广的一种树懒，多生活在潮湿的热带森林中。它们体毛为灰褐色，头、喉部毛色较深，身上有时还附着绿色的藻类植物。与其他树懒一样，褐喉三趾树懒无论进食、休息、交配，还是生育都在树上。

生活简介

树懒科动物常年栖于潮湿的密林中，以树叶、果实为食。在树上，它们会用爪钩住树枝倒挂身躯，一动不动地悬吊休息。在地面活动时，它们不会行走，而是依靠长长的前肢拖着身体前进。

犰狳科

犰狳科动物体形小，身上覆盖着坚硬的骨板和鳞板，像穿了一身盔甲。本科动物广泛分布在南美洲的森林、草原、荒漠地带，个别成员属于世界濒危物种。

生活简介

大多数犰狳科成员属于夜行性洞居动物，一年四季均可繁殖。它们主要以昆虫为食，偶尔也吃些无脊椎动物和植物。

三带犰狳

三带犰狳遇到敌害时，不是像其他犰狳那样快速掘洞逃命，而是将自身蜷缩成一个硬球，并在硬球上留有小口。等敌人妄图探入利爪时，它们再突然将对方的利爪夹住，给敌人以打击。

主要特征

体表覆盖骨板与鳞板，中间有弹性皮肤；舌能伸缩，牙齿细小；指爪能较大程度弯曲。

九带犰狳

体长 0.6 ~ 1.1m
体重 2.5 ~ 7.7kg
食性 杂食。以昆虫、马陆和浆果等为食
分布 美洲

九带犰狳是分布最为广泛的一种犰
狳。它们繁殖比较特别，受精卵在孕期
会分裂成 4 个完全相同的胚胎，因此每
胎会产下 4 个幼崽。

披毛犰狳

披毛犰狳数量很多，主要栖息在稀树草原、森林和农业区中。它们昼伏夜出，偏好捕食地下无脊椎动物。披毛犰狳前爪发达，特别善于挖掘。

体长 25 ~ 40cm
体重 约 2kg
食性 杂食
分布 南美洲

蝙蝠科

蝙蝠科是翼手目动物中种类最多的一科，共300多种。它们分布广泛，栖息在各类山洞、岩石缝隙以及森林当中。这个群体中的成员体形差异明显，食性也各不相同。

生活简介

绝大多数翼手目成员都归属于蝙蝠科。本科动物对不同环境的适应能力较强，部分种类与人类关系密切，喜欢在人类聚居的建筑物内栖息。它们昼伏夜出，某些成员因分布地域气候的差异，有冬眠、迁徙的习性。

主要特征

有耳屏，无鼻叶；尾部通常被尾膜包裹。

普通伏翼

普通伏翼是蝙蝠中体形最小、分布最广的一类，城市、乡村随处可见这种蝙蝠的身影。它们以飞蛾、蚊蚋和其他小昆虫为食，食量很大。

褐大耳蝠

体长　约 5cm
体重　约 14g
食性　肉食。飞蛾、甲虫等
分布　欧洲、亚洲、北非

褐大耳蝠喜欢栖息在人类建筑内。它们依靠大耳听辨苍蝇、甲虫和飞蛾的方位，进而果断出手，将这些昆虫一口吞下。

折翼蝠

体长 约 6cm
体重 约 20g
食性 肉食。飞蛾等
分布 除美洲、极地以外的各大洲

折翼蝠分布范围很广，在某些地区有冬季迁移的习性。群居特征明显，幼蝠常被成蝠分开安置。

兔子怎么沟通？

兔子有群居的习性，许多种类无法发声，但它们也有自己的沟通方式。兔子身上有一种臭腺，可以散发出刺鼻的腥臭味，这就是它们的信息联络码。还有的兔子依靠身体摩擦来传递信息。

兔 科

兔科是兔形目动物中的一科。多分布在亚洲、非洲和北美洲，常见于荒漠、草原、热带疏林、森林中。本科动物拥有十分出色的奔跑能力，但因为是许多肉食动物的狩猎对象，所以死亡率很高。

主要特征

具有管状长耳，眼位于两侧；后肢比前肢强健，体形较大；拥有簇状短尾。

生活简介

兔科动物比鼠兔科动物还善于奔跑和跳跃，有时会用发达的后腿自卫。兔类多在夜间活动，主要以草为食，环境适应能力强。

家 兔

家兔种类繁多，是最常见的兔子之一。它们模样有所差别，体型也各不相同。平时，家兔喜欢吃青草、嫩枝一类的植物。

草 兔

体长 40 ~ 68cm
体重 1 ~ 3.5kg
食性 植食。玉米、杂草
分布 亚洲、欧洲

　　草兔多生活在干旱的草原和荒漠地带。这种兔子视觉和听觉都十分发达，活动范围较小，均以窝为中心。草兔的胃比较脆弱，无法承担过多水分，它们需要的水分一般都从植物中摄取。

雪 兔

体长 46 ~ 65cm
体重 2 ~ 6kg
食性 植食。草本植物、嫩枝
分布 亚欧北部

雪兔体形较大，是寒带和亚寒带的代表动物之一。它们拥有强大的抗寒能力，平时胆小喜静，但十分机警，行动没有固定规律。遭遇天敌时，雪兔会把耳朵紧贴在背上，呈低蹲伏，小心翼翼地躲避对方追捕。为适应冬季的雪地生活，雪兔的毛会从夏天的赤褐色变成白色。

猴 科

灵长目动物成员众多，包括狐猴、猴、猿以及它们的一些近亲，还包括已经高度进化的人类。猴科作为灵长目动物最大的一科，成员多分布在亚洲和非洲。它们主要以水果和植物为食，偶尔也捕捉昆虫和一些其他无脊椎动物。本科动物的拇指发达，具有超高的抓握能力，能在树木间自由攀爬、跳跃，是有名的攀爬能手。

日本猕猴

日本猕猴具有很强的抗寒能力。为了能在低温环境中生存下来，它们逐渐养成了边泡温泉边潜水捕食的有趣习性。

生活简介

猴科动物昼行性特征明显。除夜猴喜欢在漆黑的晚上活动外，其余种类全部在白天活动。它们食性复杂，不同种类对于食物各有偏好。大部分种类有群居习性，懂得相互合作。

主要特征

吻部突出；鼻孔朝前向下紧靠；手、足有扁平指甲，能直立。

川金丝猴

体长	57 ~ 76cm
体重	7 ~ 39kg
食性	杂食。以植物为主
分布	中国

川金丝猴是中国的特有物种，常年栖息在海拔 1500~3300 米的森林中，行踪神秘。受食性和季节影响，川金丝猴常在密林中做垂直移动。目前，川金丝猴已被我国列为国家一级保护动物。

山 魈

体长 55～95cm
体重 10～37kg
食性 杂食
分布 非洲西部

山魈体形很大，有蓝色、红色相间的脸颊，淡紫色的臀部和黄色的胡须，这些特征足以让人过目难忘。它们行动敏捷，爬树本领高超，除了猎豹，少有对手。

狮尾狒是埃塞俄比亚的特有物种。它们夜晚在高高的岩石上休息，白天到草地上觅食。繁殖期间，雌雄狮尾狒的胸部会改变颜色。当两颗"心"变成红色时，就表示它们已准备好求爱了。

狮尾狒

体长	70 ~ 74cm
体重	约 20kg
食性	植食。以草为主
分布	埃塞俄比亚西北部

猩猩科

猩猩科动物有时也被称作大型类人猿。与其他动物相比，它们不仅行为接近人类，就连DNA也与人类相似。本科动物天生就有强大的好奇心和创造力，聪明程度仅次于人类，能够灵活解决各种生活问题，甚至还会使用一些简单工具。

生活简介

猩猩科动物喜欢群居，大多生活在东南亚和中南半岛的森林中，主要以果实、嫩枝和花朵为食。本科动物的攀爬能力尤其出色，平时特别擅长在树间荡来荡去。

黑猩猩

黑猩猩多成群生活在视野开阔的林地和草地。它们身体健壮，手臂长而有力。除了植物和昆虫，黑猩猩偶尔也猎食一些小型哺乳动物解馋。

主要特征

体形较大，脸部少毛；前肢较长，可过膝，无尾；成年雄性腰背部有灰白毛区。

大猩猩

大猩猩是最大型的灵长目动物。它们大部分时间在地面活动，完全靠四肢行走。成年雄性大猩猩背部会长出鞍座状的银白色皮毛，我们称之为"银背"。

体长	1.5 ~ 1.8m
体重	90 ~ 175kg
食性	杂食
分布	非洲中西部

红毛猩猩

体长　1.7 ~ 1.8m
体重　40 ~ 100kg
食性　杂食
分布　印度尼西亚苏门答腊、
　　　婆罗洲等地

红毛猩猩是亚洲唯一的大型
猿类。与其他种类相比，红毛
猩猩更爱在树上生活，很少到
森林地表走动。

丛林狼

丛林狼是北美洲独有的犬科动物，具有超强的环境适应能力。草原、沼泽、森林等地都可能是它们的栖息之所。

主要特征

四肢修长，尾部多毛；鼻端突出，耳尖且直立；犬齿以及裂齿发达。

在众多食肉目动物中，犬科动物与人类的渊源可不一般。早在很久以前，人类就已经对野生犬类——狼进行驯化，让它们帮助狩猎和警戒，从而成了人类亲密的朋友。如今，在人类捕杀和环境恶化的双重压力下，有些犬科动物已经濒临灭绝。

生活简介

犬科动物善于快速且长距离奔跑。捕捉猎物时，它们常展现出过人的洞察力和忍耐力。除个别种类喜独居外，大部分犬科动物喜欢群居。它们一起狩猎，共同保护领地、照顾幼崽。

鬃 狼

体长　1.2 ~ 1.3m
体重　20 ~ 25kg
食性　杂食
分布　南美洲

鬃狼白天在巢穴中休息，夜晚出巢
狩猎。遇到敌害时，鬃狼脊背上的鬃毛
可以竖起，意即向对方示威。

38

豺

豺是犬科豺属唯一现存的物
种。它们体形比狼小，性情却比
狼还凶悍。豺多栖息在山地草原、
疏林以及草甸之中，常成群聚集。
它们群体意识很强，不同豺群之
间会相互配合以击退敌人。

体长 0.85 ~ 1.3m
体重 10 ~ 20kg
食性 杂食
分布 亚洲

39

北极狐

体长　50 ~ 60cm
体重　2.5 ~ 3.8kg
食性　杂食
分布　北极圈

分布于北冰洋沿岸地带及苔原区的北极狐，能在零下50℃的环境中生活，是有名的耐寒动物。冬季北极狐的毛会变成白色，夏季则变成灰黑色。

猫科

在哺乳动物这个庞大的动物群体中，猫科动物是著名的肉食者。发达的肌肉、锋利的牙齿、能洞察一切的听觉和视觉，让它们一直处在食物链顶端。如果单论追捕猎物的速度，恐怕没有哪一科的动物敢与它们相媲美。

生活简介

野生猫科动物分布在欧亚大陆、非洲、美洲的寒带及热带的森林、草原、山地和沙漠之中。它们多数以草食性动物为食，大多喜欢独居。大部分猫科动物都善攀爬和跳跃，特殊种类还会游泳。

主要特征

四肢中长，趾行性；头大偏圆，吻部较短；犬齿、裂齿发达，皮毛柔软。

41

狮

体长 1.6 ~ 2.3m
体重 100 ~ 225kg
食性 肉食
分布 非洲、亚洲

狮是世界上唯一一种雌雄两态的猫科动物。它们威猛、霸气，被誉为"百兽之王"，一般的动物根本不敢招惹它。

大部分狮子生活在非洲，一部分体形较小的亚洲狮子分布在印度吉尔森林国家公园中。狮子是猫科动物中最喜群居的动物，它们能够保持长期而稳定的群体关系，相互帮助，共同狩猎，照顾后代。

狮子群

一个狮群通常由 4 ~ 35 头狮子组成。它们团结协作，各有分工。狩猎的任务通常由雌狮来完成，而雄狮体形较大，主要负责守卫领地。雌狮狩猎成功以后，会将食物先让给雄狮，之后才享受战利品。

东北虎

体长　2 ~ 2.3m
体重　170 ~ 350kg
食性　肉食
分布　亚洲东北部

　　东北虎也叫西伯利亚虎，是现存体重最大、战斗力最强的肉食性猫科动物。在我国，它们被视为"丛林之王"。东北虎感官十分敏锐，性情凶猛，既会爬树，又善游泳。它们主要靠捕食野鹿、野猪等哺乳动物为生。

孟加拉虎

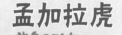

体长　1.6 ~ 1.9m
体重　140 ~ 220kg
食性　肉食
分布　印度、孟加拉国

　　孟加拉虎又称印度虎，是数量最多、分布最广的虎种。它们的体形仅次于东北虎，颜色不唯一，多布斑纹。现在，因为栖息地的破坏，孟加拉虎的生存状况也遭遇着前所未有的威胁。

猎 豹

体长 1 ~ 1.5m
体重 35 ~ 72kg
食性 肉食
分布 亚洲、非洲

　　浑身长满斑点的猎豹是陆地上奔跑最快的动物，它们如果全速奔跑，时速能达到 110 千米。猎豹喜欢栖息在丛林或疏林等地，平时多单独活动，只有在繁殖季节才会成对出行。

狞猫

体长 60 ~ 95cm
体重 13 ~18kg
食性 肉食为主
分布 非洲、西亚

喜欢生活在干旱环境中的狞猫，善于跳高、跳远，还有飞扑鸟类的本领。它们有些挑食，对于入口的猎物有着近乎苛刻的要求。比如动物的内脏要扔掉，吃肉之前要将动物毛发拔干净等。

熊科

熊科动物由早期犬科动物进化而来，拥有十分锐利的裂齿。随着时间推移，它们因食性发生改变，裂齿也变偏了。现在，熊科动物虽然外表凶悍，但家族成员多数偏向草食。本科动物主要栖居在北半球，以寒冷地带数量最多。

亚洲黑熊

亚洲黑熊是一种杂食性动物，植物的叶子与嫩芽、野果、种子，还有昆虫、鸟卵……只要是吃的它们统统来者不拒。

生活简介

生活在北半球的熊科动物有冬眠习性，这段时间它们靠其他季节贮存的脂肪维持生命。除冬眠期外，熊科动物没有固定居所。雌、雄熊科动物只有发情期才会生活在一起，平时多独栖。

主要特征

体型健壮，吻部较长，尾巴短小；前后肢均为5趾，以足掌着地行走；行动迅速，可直立。

棕　熊

体长　1.5 ～ 3m
体重　90 ～ 780kg
食性　杂食
分布　亚洲、欧洲、北美洲

　　棕熊品种很多，最大的是栖息在阿拉斯加的科迪亚克棕熊，这种熊的体重可达780千克。而最小的棕熊是叙利亚棕熊，体重只有90千克。棕熊嗅觉出色，灵敏度甚至是猎犬的7倍。它们的耐力也相当了不起，可以持续高速追击猎物几十分钟。

大熊猫

体长 1.5 ～ 2m
体重 60 ～ 160kg
食性 杂食。以竹子为主，偶尔也捕捉
一些鼠类开开荤
分布 中国四川、甘肃、陕西等地

  大熊猫数量很少，是世界上最珍稀的动物之一。这种毛色黑白相间的动物，只分布在中国四川、甘肃、陕西等地，被誉为"中国国宝"。它们形象憨态可掬，性情温顺，深受世界人民的喜爱。现在，大熊猫已经成了中外友好往来的重要使者，经常出国参加交流活动。

北极熊

体长	1.9 ~ 2.8m
体重	400 ~ 680kg
食性	肉食
分布	北冰洋附近

北极熊每 3 年才会交配一次。为了获得雌熊青睐，雄熊之间往往会上演激烈大战。雌熊在 3~5 月份受孕后，当年 11 月份至来年 1 月份避居到洞穴中产崽。幼崽从出世开始，便接受母亲长达 3 个月的哺育。之后的 2~3 年里，它们会跟着母亲学习生存、捕猎技巧，直到成为一个合格的猎食者，开始独立生活。

北极熊的最快时速能达到 40 千米。不仅如此，它们还会游泳、潜水，那巨大的脚掌在水中完全可以当船桨来用。

獴科

獴科动物主要分布在热带和温带，尤以非洲最多，其中仅马达加斯加岛就有9种。它们大都头颈部较长，拥有发达的内耳，比较机警。多数种类具有群栖特点，成员之间分工明确，团结友爱。

生活简介

在非洲，獴科动物是群栖性最强的哺乳动物之一，常成群栖息在山林沟谷旁的岩石缝隙和树洞中。平时，它们多在白天外出觅食，惯用前爪和吻部挖掘土壤，寻找蚯蚓、昆虫等食物。

主要特征

头骨形态、牙齿与犬接近；四肢短小，后足4趾；尾基部位较粗。

环尾獴

环尾獴是马达加斯加岛的特有物种，通常以小群形式出现。它们多吃小型脊椎动物和昆虫，偶尔也进食果实。受到威胁时，环尾獴会竖起毛、拱起背，让自己看起来更有气势。

海豹科

海豹科动物身体笨重，游泳时主要依靠后鳍肢划水。因为后肢与尾部连在一起，所以在陆地上不能行走，多数时间生活在水中。本科动物所有种类都长有皮毛和长胡须。

斑海豹

斑海豹警惕性很高，即使睡觉也会不时地醒来察看周围的情况。如果发现敌人靠近，它们会迅速从高地或岸边滚入水中，急匆匆地逃走。

主要特征

头圆颈粗，无外耳壳；四肢又短又宽，均呈鳍状；后肢与尾相连，永远向后。

生活简介

海豹科动物平时以鱼类为食，偶尔也用尖利的牙齿进食贝类。它们在水中身形灵活，无论俯仰均能游泳。但在陆上行动受限，多依靠蠕动和拖拽前进。

冠海豹

体长	2 ~ 2.5m
体重	190 ~ 350kg
食性	肉食。乌贼、鱼类
分布	北极和亚北极地区

　　冠海豹因其头顶有一个黑色鼻囊而得名。雄性冠海豹为了吸引异性，会用鼻孔吹胀鼻囊而呈现红色，向对方表达爱意。当它们遭遇敌害时，也会鼓起鼻囊，向对方示威。

露脊鲸科

露脊鲸科动物因多数成员没有背鳍而得名。它们体形较大，行动迟缓，因此曾是捕鲸人的主要目标。现在，受海洋环境恶化以及人类捕杀的影响，本科鲸类数量已经变得很稀少，一些成员更是面临灭绝的危险。

主要特征

体形较大，行动迟缓；口裂弯曲，须板很长；无背鳍。

弓头鲸

弓头鲸也叫北极露脊鲸，一生都居于北极及其附近海域。它们上颌极度弯曲，呈弓形，硕大的头部占据了全身重量的1/3。在迁移、进食和交配的过程中，弓头鲸常用浑厚的嗓音来传递信息。

生活简介

露脊鲸科动物虽然无法像其他鲸类那样拥有超群的泳速，但它们的泳技却十分出色，可以轻松跃出海面，溅起巨大的水花。本科鲸类喜独居，就算聚集在一起，也只是 2 ~ 3 头的小群体。

须鲸科

须鲸科是鲸目动物其中的一科，本科动物分布在世界各个海域，它们体形巨大，体长均在7米以上，其中就包括世界上最大的动物蓝鲸和世界第二大动物长须鲸。本科海洋哺乳动物长有背鳍，腹部有数十条褶纹，多数种类有迁徙习性。

蓝鲸

蓝鲸是世界上最大的动物，最大者体重近300吨。这种庞然大物多在夏季进食，每天要吃掉4吨的磷虾和鱼类。冬季蓝鲸就不怎么进食了，而是靠鲸脂维持体力。新生蓝鲸生长十分迅速，研究表明，它们每小时就可增重3.6千克。

生活简介

须鲸科动物食性各不相同，有的喜吃磷虾，有的则偏爱鱼类。但它们进食时通常都是一口吞下大量海水，然后闭上嘴巴将海水喷出，用鲸须将食物阻隔下来，留在口中。本科动物多半栖息在远洋海域，冬季到温带、热带海域繁衍后代。

主要特征

体表有腹褶，延伸到喉部以后；鲸须板中等长，须毛中等粗细；吻部又宽又扁，下颌骨向外弓出。

座头鲸

体长 11.5 ～ 15m
体重 25000 ～ 30000kg
食性 肉食。磷虾、鱼、贝类
分布 太平洋、大西洋及其周边海域

天籁之音

座头鲸是最会"唱歌"的鲸类，声音宛若天籁。繁殖季节一到，雄性座头鲸就会动情地唱起歌来。座头鲸的一首歌曲通常含有 6 个基本旋律，即使在千米之外也能探测到。

座头鲸也叫大翅鲸，它们的鳍肢长度位于鲸目动物之首。这种鲸以跃出水面时会产生壮观的跃身击浪而闻名。雄性座头鲸为了吸引雌性到来，常发出各种各样的"歌声"。

海豚科

人类对海豚科动物比较熟悉。它们分布在世界各个海域，尤以热带沿海数量最多。本科动物与其他鲸目动物相比，体形较小，群居性更加明显。而且，它们当中的部分种类智商极高，常被"邀请"到海洋馆进行表演。

生活简介

海豚科动物是高度社会化的物种，非常喜欢群体生活。各个成员之间密切配合，相互帮助，非常友爱。它们多生活在浅海，以鱼类和乌贼为食。本科动物泳速很快，泳姿独特，更像是在表演。

宽吻海豚

宽吻海豚的跳水本领很高，有时能跳出水面高达 5 米。落水时，常溅起巨大的水花。

主要特征

体形圆滑、流畅；喙部较短，多数有背鳍；头骨凹陷，喙前额头瓜状隆起，此类构造有助于回声定位、发声。

虎鲸是海豚科中体形最大的一类。它们身体结实、有力，行动迅速，似乎生来就是为了捕猎的。虎鲸喜欢群游，共同出动时成员们会发出一种特殊的声音，这种声音应该是为了方便协作而设定的联络信号。

虎 鲸

体长 7.5 ~ 10m
体重 5500 ~ 10000kg
食性 肉食
分布 全世界海域

真海豚常以数十只甚至几百只为群。它们行动敏捷，喜欢在波浪中跳跃、翻滚，并发出鸣叫声。有时真海豚还会跟在船舶后面，随波而舞。

真海豚

体长 2.3 ~ 2.6m
体重 80 ~ 235kg
食性 肉食
分布 温带、热带海域

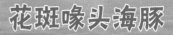

花斑喙头海豚

体长　1.2 ~ 1.8m
体重　30 ~ 65kg
食性　肉食。鱼类、磷虾、乌贼
分布　南美大西洋沿岸

花斑喙头海豚因游泳极速而闻名，游速经常达到11 ~ 13千米/小时。它们不仅能在水中腾跃，还能展示仰泳等各种高难度动作，因此被称为"杰出的游泳家"。

59

象科

象科是长鼻目动物仅存的一科,出现在5500万年以前,曾一度遍布除澳大利亚和南极洲之外的所有大陆。但如今,它们却仅分布在亚洲和非洲的热带森林、稀树草原和沙漠地带。

生活简介

象科动物躯体庞大,每天要花费大量的时间寻找食物。它们喜欢群居,成员之间利用碰鼻、各种姿势以及不同频率的声音进行沟通。当危险来临时,年长的大象常会把幼象围在中间,保护它们不受伤害。

主要特征

有肌肉发达、柔韧的长鼻;四肢粗壮,脚宽大;上颌门齿终生生长。

象群

象群通常由有血缘关系的雌象以及它们的后代组成。在一个象群中,雌象不仅要照顾自己的后代,还要帮助其他成员抚养孩子。它们亲如一家,彼此爱戴。至于雄性,只有在繁殖期才会加入象群,其余时间要么单独活动,要么与同性待在一起。

非洲象

体长	5.5 ~ 7.5m
体重	3500 ~ 6300kg
食性	植食
分布	非洲

　　非洲象喜欢群居，群体内有严格的等级制度。无论进食、交配还是走路都必须按照地位高低排序。雨季，它们多形成暂时性的大群。

　　非洲象是陆地上最大的哺乳动物，多见于非洲森林、开阔平原及草原地带。

亚洲象

体长 5.5 ~ 6.4m
体重 2700 ~ 5400kg
食性 植食
分布 南亚、东南亚

大象的鼻子有什么妙用?

象鼻特别灵巧,是大象进食、呼吸、抓握物品的主要工具。在象群中,成员们还用长鼻来交流。当它们将长鼻缠绕在一起时,就表示彼此正在友好地问候。

亚洲象常在海拔较低的沟谷、竹林和混交林中游荡。它们性情温和,容易驯服,具有集群迁徙的习性。

长颈鹿科

偶蹄目动物最显著的特征是四肢末端的蹄均为双数。本目动物中最独特的一类就是长颈鹿。它们与近亲"㺢㹢狓"组成了长颈鹿科。本科动物生活在非洲，拥有高大的体形、长长的脖子，属于食叶动物。

长颈鹿

长颈鹿是世界上最高的陆生动物。它们生性机警，听觉、视觉都十分敏锐。一旦发现风吹草动，会立即奔跑着离开危险区。因为脖子过长，蹲起不便，长颈鹿大都站着小憩。实在疲乏的时候，才会躺下休息。

主要特征

牙齿为低冠齿，舌头长且善抓握；头上有不断生长的角，眼耳较大；前肢比后肢长，造成斜背；身上有醒目花纹，便于伪装。

生活简介

长颈鹿科动物外表十分相似，牙齿比较原始，无法以草为主食，只能依赖高大体形取食树叶。年轻雄鹿有小群集结的习性，但随着年龄增长，多变为独栖。为了争夺配偶，雄鹿之间有时会进行"掰颈"大战。

63

㺢㹢狓

体长　1.9 ～ 2.5m
体重　200 ～ 350kg
食性　植食
分布　扎伊尔东北部

㺢㹢狓（huò jiā pí）体形比长颈鹿小，脖子也相对较短。它们生性害羞，多隐藏在非洲中部的森林中。

鹿科

鹿科动物家族成员有50多种，包括鹿、麋鹿、驯鹿等，遍布世界大部分地区。身为食草动物的一个类群，鹿科动物与羚羊很像，都有长长的身体和四肢；但不同的是，大多数鹿科雄性成员每年要脱换鹿角。

生活简介

鹿科动物胃有4室，不过，它们的消化能力却没有那么强，所以通常会选择吃些幼苗、嫩叶、地衣类的软质食物。本科动物是很多大型食肉动物的追捕目标，为了躲避敌害，它们均有自己的逃跑策略。

驼鹿

驼鹿是世界上最大的鹿科动物，鹿角甚至能长到2米。它们多单独或小群在亚寒带针叶林中活动。虽然体形较大，看起来有些笨重，但驼鹿却能轻松自如地在沼湖中潜水、觅食，动作敏捷，异常灵活。

主要特征

眼窝凹陷，有颜面腺、足腺；四肢细长，善于奔跑、游泳；毛色冬深夏浅，幼鹿多有斑点。

65

驯 鹿

体长 1.5 ~ 2.3m
体重 约150kg
食性 植食
分布 亚欧大陆北部、北美洲北部

驯鹿有厚厚的皮毛，宽宽的大脚，这可以有效抵御严寒。驯鹿的脚上也有皮毛，这使得它们走在雪地和苔原植物上时不至于滑落。与其他鹿类不同，雌驯鹿和雄驯鹿都长着长长的鹿角。

梅花鹿

体长 1.3 ～ 1.7m
体重 40 ～ 140kg
食性 植食
分布 亚洲东部

梅花鹿是东亚特有的物种。它们群居性不是很强，成年雄性多独自生活。夏冬两季梅花鹿有迁徙行为，不过迁徙距离比较短。梅花鹿毛色会随季节的变化而改变，夏季体毛为棕黄色或栗红色，身上有状似梅花的白色斑点；冬季体毛多为烟褐色，白斑不明显。

麋鹿

体长 1.7 ～ 2.2m
体重 120 ～ 180kg
食性 植食
分布 中国

麋鹿的角像鹿，脸像马，颈部像骆驼，尾巴像驴，所以也被称为"四不像"。麋鹿是我国国家一级保护动物，也是世界珍稀动物。因为人类的捕杀和环境恶化，这种珍稀动物曾一度濒临灭绝。

河马科

河马科动物现存的只有普通河马和倭河马两种，都生活在非洲。它们是非洲最大的哺乳动物之一，也是动物们眼中的巨型杀手。本科动物外形与猪相像，但体重却是猪的十倍还多，身体十分笨重。平时它们以草为食，喜欢栖息在靠近沼泽和有芦苇的地方。

主要特征

头大嘴阔，耳小尾短，四肢短粗，整个身子像圆筒；颌部靠后，嘴中有锋利的长獠牙；皮厚多呈蓝黑色，有砖红色的斑纹。

生活简介

河马科动物有的爱好群居，有的喜欢独栖。但相同的是，它们都非常喜爱温暖潮湿的环境，栖息地均离水源不远。本科动物体形很大，食量惊人，常在夜晚外出觅食。

普通河马是世界上嘴巴最大的陆生哺乳动物，它们的上下颌甚至能撑开到 150 度。成年河马的咬合力可达 1 吨，最多一次能吃 45 千克植物，这个纪录让很多动物都望尘莫及。虽然河马极具攻击性，但它们对自己的孩子可是相当温柔的。除了每日的悉心照料之外，河马还会将孩子背在自己的背上，教小河马游泳、吃草。

普通河马

体长 2 ~ 5m
体重 1350 ~ 3200kg
食性 杂食。以水生植物为主，偶食陆地作物
分布 非洲河流间

普通河马喜欢在非洲热带水草丰美的地区生活。这种河马的头部巨大，鼻孔与眼睛和耳朵呈直线，在水中的适应性极强。它们有两对锋利的上门齿，背部平坦，脚上长着趾甲。

倭河马

体长 1.2 ~ 1.6m
体重 160 ~ 200kg
食性 杂食。主要吃蕨类、阔叶植物、水果
分布 西非热带雨林

倭河马的体重比普通河马要小得多，头部既短又圆，眼睛的位置比较靠下，所以在水中无法像普通河马那样悠然自得。倭河马的背部呈拱形，脚比较窄，连接脚趾的皮肤也很少，这些都有利于它们在繁密的林中穿行。除此之外，倭河马最大的特点就是只有一对上门齿。

骆驼科

骆驼科动物最早出现在 4000 万年前的北美洲。经过漫长的演化，这些性情温驯的动物已经完全适应了严酷贫瘠的沙漠环境，并帮助人类在那里生存下来。发展至今，它们已经成为沙漠必不可少的一种交通运输工具，堪称"沙漠之舟"。

单峰骆驼

单峰骆驼因背部只有 1 个驼峰而得名。它们的体形比双峰骆驼高大，四肢也相对细长一些。早在公元前 1000 年左右，人们就已经懂得用单峰骆驼来驮运货物了。现在，柏柏尔人仍然将单峰骆驼视为重要的运输工具。

主要特征

体形大，部分种类有驼峰；有复杂的反刍胃，主食青草；蹄宽大，行走时以蹄掌肉垫支撑。

生活简介

骆驼科动物主食带刺的灌木和甘草，多在白天成群活动。每个群体由一头雄性和多头雌性以及它们的后代组成。成年后的雄性骆驼会离开族群与其他雄性共同生活。为了争得首领地位，雄性骆驼之间常发生激烈争斗。

双峰骆驼

体长　2.5 ~ 4 m
体重　500 ~ 900kg
食性　植食。草、树叶、谷物
分布　我国西北地区、蒙古国、
　　　哈萨克斯坦

　　野生双峰骆驼数量极为稀少，只在我
国西北地区、蒙古国和哈萨克斯坦有少量
分布。现在我们看到的多为人工驯养的品
种。双峰骆驼体形稍小，背部有两个用来
储存脂肪的驼峰。当食物稀少时，驼峰里
面的脂肪就会被消耗，驼峰也会缩小。

羊驼

体长　1.2 ～ 2.25m
体重　55 ～ 65kg
食性　植食。棘刺植物
分布　南美洲

羊驼是南美洲的代表畜类，它们虽然属于骆驼科动物，却又与骆驼有着明显的区别。羊驼的体形较小，体态十分优雅，多生活在海拔较高的高原地区。羊驼与骆驼一样，对干旱沙漠有很强的适应能力。

牛 科

牛科动物既包括牛、水牛、绵羊、山羊这些家畜，也包括许多体态差异更加明显的野生种类。它们体质强壮，善于奔跑，多以草类植物为食。

生活简介

牛科动物大多喜欢群居，这不仅能降低它们被猎食的风险，还能使同伴之间充分共享觅食信息。平时，它们依赖可活动的大耳侦察敌情，从而躲避危险。有时，本科动物也利用身上醒目的色泽进行伪装，扰乱猎食者的视线。

主要特征

脚上有4趾，但侧趾已退化；胃有4室，具反刍功能；头上有从额骨凸起衍生出的洞角。

非洲水牛

非洲水牛是非洲最凶猛的动物之一。它们虽然是素食主义者，但脾气特别暴躁，极具攻击性。牛群通常由强壮的母牛统领。它们多在靠近水源的地方生活。

75

藏羚羊

体长 1.1 ~ 1.4m
体重 25 ~ 60kg
食性 植食
分布 我国青藏高原

　　藏羚羊生活在海拔 4300~5100 米的高山草原、草甸和荒漠地区，大部分栖息在我国青藏高原一带。每年 4 月底，雌性藏羚羊都会与它们的"女儿"共同前往可可西里湖、乌拉乌拉湖等地，而雄性藏羚羊和它们的"儿子"则被留在栖息地。一两个月以后，雌性藏羚羊产崽完毕，便会带着孩子们共同返回故里。

牦牛

体长 2.5 ~ 3.5m
体重 820 ~ 1000kg
食性 植食。以草类为主
分布 主要生长在我国青藏高原

牦牛是典型的耐寒动物，甚至能忍耐 -40 ~ -30℃ 的严寒。如今我们在青藏高原见到的牦牛，基本上都是人工饲养的。真正的野生牦牛数量十分稀少，只分布在人迹罕至的高山冻原、寒冷草原。

麝 牛

体长 1.8 ~ 2.3m
体重 200 ~ 410kg
食性 植食
分布 北美洲北部和格陵兰岛

麝（shè）牛生活在北极苔原地带，它们因雄性交配季节可散发气味而得名。麝牛非常耐寒，身上的毛又长又密，外层的粗毛适于抵御风雪，内层的细毛能阻挡寒气、湿气侵入身体。

斑纹角马

体长 1.5 ~ 2.4m
体重 260 ~ 290kg
食性 植食
分布 非洲东部和南部

　　斑纹角马也叫牛羚，它的身体前部有黑色横纹，皮毛呈灰色或者深棕色，是世界上数量最多的大型有蹄动物。因为成员众多，所以被很多猛兽视为猎捕的对象。非洲狮子就时常在斑纹角马群附近出没。

角马大迁徙

　　从每年的 7 月份开始，非洲坦桑尼亚的塞伦盖蒂草原就会迎来最干旱的季节。为了寻找鲜草和水源，上百万的角马要向北迁徙。这支迁徙大军会与瞪羚、斑马一起踏上漫漫旅途，历尽千辛万苦，到达草木丰茂的马赛马拉大草原。

白尾角马

体长 3 ~ 5 m
体重 160 ~ 280kg
食性 植食。短小嫩草、灌木
分布 非洲中部和东南部

白尾角马也叫非洲角马，与牛长得十分相像。与斑纹角马相比，白尾角马的弯角朝向更靠前，而且领地意识更强。它们数量稀少，曾一度濒临灭绝。

马科

奇蹄目动物因脚趾为单数而得名，现存只有马科、犀牛科和貘科三科。其中，马科动物是现存奇蹄目动物中数量最多、分布最广的一类，多栖息在亚欧大陆和非洲，大部分被驯养。包括马、斑马、驴在内的马科动物，体形较大，特别善于奔跑，常以群体防御策略躲避猎食者的围追堵截。

生活简介

野生马科动物多栖息在高原草原、稀树草原以及沙漠里。它们以群为单位，占据着开阔的领地。良好的奔跑能力和发达的感官，让它们能感知各种危险，快速逃脱猎食者的追捕。

主要特征

体表覆毛，颈上有鬃毛；耳朵直立，听觉灵敏；每足只有1个足趾。

普氏野马

普氏野马是世界上仅存的野马，通常栖息在海拔700~1800米的草原和沙漠地带。它们耐渴能力突出，可以接连三四天不饮水。群体之间有各自明确的领地，互不侵犯。为了取食，它们常集体迁移。

平原斑马

体长 2.1 ~ 2.5m
体重 175 ~ 385kg
食性 植食
分布 非洲东部、南部

平原斑马是非洲草原上分布最广的一种斑马，栖息地跨越热带以及温带地区。它们为了及时寻找食物和水源，群体迁徙十分频繁。

格氏斑马

体长　2.5 ~ 3m
体重　350 ~ 450kg
食性　植食
分布　非洲东北部

格氏斑马也叫细纹斑马，是世界上体形最大、形态最美的斑马。

犀牛科

犀牛科动物是体形仅次于大象与河马的陆生动物。它们最显著的特征是口鼻处有一根或两根由角质层纤维化而形成的大角。现存犀牛科动物共有5种，主要分布在非洲稀树草原和亚洲湿地草场。现今，随着自然环境恶化和人类肆意捕杀，野生犀牛的数量已经不足15000头。

主要特征

头大且长，有独角或双角；身体笨重，皮肤粗糙；四肢粗短，前后肢均有3趾。

生活简介

犀牛科动物无水不欢，它们喜欢在水中打滚，因为这能有效降温、保护皮肤。本科动物多在夜间活动，大部分种类爱好独居，少数种类有成小群共同活动的习性。它们视力不佳，但听觉出奇灵敏。

白犀牛

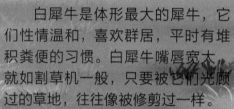

体长	3 ~ 4.5m
体重	1300 ~ 3600kg
食性	植食
分布	非洲东部、中部

　　白犀牛是体形最大的犀牛，它们性情温和，喜欢群居，平时有堆积粪便的习惯。白犀牛嘴唇宽大，就如割草机一般，只要被它们光顾过的草地，往往像被修剪过一样。

　　白犀牛体大威武，分为南部白犀牛与北部白犀牛两种。你知道吗？世界上最后一头雄性北部白犀牛"苏丹"已经于2018年去世了。

犀牛与小鸟是伙伴

　　犀牛的身上会生长一些扁虱和寄生虫，而这些虫子正是牛椋鸟的最爱。牛椋鸟常常站在犀牛的背上捕食，犀牛十分享受这种感觉。如果敌人来犯，牛椋鸟也会给予警示，让犀牛及时做好防范。

印度犀牛

体长 3.2 ~ 3.8m
体重 1600 ~ 3000kg
食性 植食
分布 印度东北部、尼泊尔

犀牛角

　　角是犀牛抵御侵害的武器，也是同类相争时较量的工具。犀牛角由角质素组成，这种物质与人类指甲的构成物质相同。在东方医学中，犀牛角是十分珍贵的医药原料。正是由于这个原因，犀牛的处境变得十分危急。为了防止盗猎情况继续发生，人们有时不得不剪掉它们的角。

　　印度犀牛只有一个角，身上有类似盔甲的厚皮。它们与数量稀少的爪哇犀牛是近亲。印度犀牛嗅觉和听觉突出，游泳技能也十分优秀。

第二章

鸟 类

鸟类长着各种各样的喙、五彩斑斓的羽毛和形态各异的翅膀，自由地飞翔于广阔的天地之间。

鸵鸟科

鸵鸟科鸟类仅一属一种，即非洲鸵鸟，是一种较为常见的走禽。历史上，它们也曾在亚洲和中东出现过，但目前只存在于非洲中部、南部。非洲鸵鸟是世界上现存的最大鸟类，它们的卵也是鸟类中最大的。

生活简介

鸵鸟多生活在沙漠地带以及荒漠平原。它们常以一雄多雌的形式居住在一起，过着游牧般的生活。鸵鸟耐渴能力很强，可以长时间不饮水，身体所需水分主要从植物中获取。

主要特征

体形较大，脖颈很长；后肢粗壮，两翼宽大，善于行走；足具2趾，有肉垫。

非洲鸵鸟

非洲鸵鸟虽然不会飞，但它们的奔跑能力却很出名，有"长跑冠军"之称。非洲鸵鸟的奔跑速度可达到每小时60千米，冲刺速度在每小时70千米以上。这种大鸟之所以能跑得这么快，主要归功于那两条大长腿以及腿上发达的肌肉与韧带。

南鹤鸵

南鹤鸵也叫双垂鹤鸵，体重约60千克，是仅次于鸵鸟和鸸鹋的世界第三大鸟。

生活简介

鹤鸵科鸟类多生活在森林深处或远离人烟的地方，行踪不定。它们是真正意义上的素食主义者，食物几乎全是水果。因为身强体壮，脚爪锋利，头上又有坚硬的盔，所以鹤鸵科鸟类特别善于在密林间快速穿越。它们发起怒来，喜欢用利爪踢打对方。

主要特征

体形高大，羽毛质地粗糙；头顶有角质盔，可击打草丛；足具3趾，中趾长有锋利的爪。

89

企鹅科

楔翼类鸟是只会游泳、潜水，不会飞翔的海洋动物，只包括企鹅科一科，目前共有17种。企鹅科鸟类虽然从鸟类进化而来，但所有种类均不会飞翔。由于骨骼沉重，企鹅走起路来摇摇摆摆，比较笨拙。但只要到了水里，它们就能立即化身为游泳健将。

主要特征

前肢已成鳍状，不能飞行，适合划水；体表长着鳞片状的羽毛，狭窄而密集；骨骼沉重，胸骨突出。

挑战严寒

企鹅生来就长有保温的绒羽。长大后这些绒毛褪去，它们的体表会再长出羽毛。新长出的羽毛不仅保暖，还具备防水的功能。企鹅的体内还有一层肥厚的脂肪，为它们提供热量。所以即使处于南极零下60℃的酷寒环境中，它们也能正常生存。

生活简介

企鹅科鸟类一生中大部分时间都在水中捕食。它们为搜寻鱼类、磷虾以及其他食物，可持续在水中停留20分钟之久。这些身穿燕尾服的"绅士"只有在繁殖期和换羽期才会上岸。届时，成千上万只企鹅聚集在一起，场面十分壮观。

帝企鹅

体长 1 ~ 1.2m
繁殖 窝卵数1枚
食性 肉食。以甲壳类为主
分布 南极大陆

　　帝企鹅是最大的企鹅，爱好群体生活，饮食起居都与伙伴们待在一起。每年它们只会到固定的冰面去孵卵，十分"恋旧"。

相拥取暖

　　南极气候异常寒冷，企鹅们要想在这种严酷的环境中生存下来，就必须懂得如何取暖。帝企鹅有一套独特的取暖方式：当暴风雪来临时，它们会紧紧挨在一起，每隔一段时间还会与同伴交换位置。也就是说，每个成员都有从边缘到中心取暖的机会。另外，帝企鹅中的长辈们还会将小企鹅围在中间，用身体为它们创造出温暖的"围墙"。

王企鹅

体长 0.9 ~ 1m
繁殖 窝卵数1枚
食性 肉食。鱼类、乌贼、
甲壳类
分布 南极洲及其附近岛屿

王企鹅体形仅次于帝企鹅，其成员数量庞大，全世界约有400万只。它们多群居，常以小团体形式进行捕食。在陆上遭遇敌害时，王企鹅会将腹部贴在冰上，后腿用力蹬地，以双翅向前滑行，急速逃离危险区。

竖冠企鹅

体长 60 ~ 70cm
繁殖 窝卵数 1 ~ 2 枚
食性 肉食
分布 新西兰、澳大利亚

为什么企鹅游泳、潜水能力突出？

　　企鹅退化的小翅膀又扁又平，在水中可以像船桨一样为身体提供动力。此外，蹼状脚也能起到很好的辅助作用。它们那浓密的羽毛外套既可以在冰冷的水中维持正常体温，又可以防水、提供浮力。正是有了这些特殊的构造和技能，企鹅才能在水下畅游自如。

竖冠企鹅主要生活在新西兰南部海域及其附近岛屿，依靠下潜捕食磷虾、乌贼等猎物。它们性情温和，特别友善。

鹰科

鹰科是隼形目中的大科，成员非常复杂，包括我们熟知的鹰、雕、鵟（kuáng）、鹞等。它们大小不一，生活习性也千差万别，有的捕食鸟类，有的捕食兽类，还有的专门捕食鱼类和昆虫。

主要特征

鸟喙呈尖钩状，脚强健有力，适于撕裂猎物；眼睛大，视觉敏锐；翅膀又宽又长，善于飞行；雌鸟比雄鸟大。

生活简介

鹰科动物主要栖息在山地和森林中。它们多独自活动，只有繁殖期两性才会聚在一起。飞行时，鹰科动物的翅膀保持水平，且常常是滑翔和扇翅交替进行。与猛禽中的其他种类相比，鹰科动物的扇翅频率较高，速度较快。

鹰科动物以其敏锐的视觉和强大的空中威力著称。无论静立还是飞行，鹰科动物只需用眼轻轻一扫，就可将地面或水中情况尽收眼底。而且人类肉眼无法看到的东西，它们也能看得见。只要目标一出现，鹰科动物就会像狙击手一样，以快、准、狠的动作捕获猎物。

白头海雕

体长 71 ~ 96cm
繁殖 窝卵数1 ~ 3枚
食性 肉食
分布 加拿大、美国和墨西哥北部

外形美丽的白头海雕是美国的国鸟。它们性情凶猛，凌空飞行时，常有搏击长空的威武豪迈感。这种大型猛禽一般喜欢栖息在开放水域附近，因为这些地方鱼类资源十分丰富。

白头海雕是典型的飞行能手，它滑翔和鼓翼时的飞行速度能达到 56 ~ 70 千米/小时。

苍鹰

体长　49 ～ 64cm
繁殖　窝卵数 1 ～ 5 枚
食性　肉食
分布　北半球温带森林及寒带森林

　　苍鹰是一种中大型猛禽。它们在繁殖期领地意识极强，不允许任何动物侵入自己的势力范围，否则对方将遭到猛烈驱逐。这种猛禽对捕食鸟类和野兔情有独钟。

秃鹫

体长 1 ~ 1.2m
繁殖 窝卵数1枚
食性 肉食。以腐肉为主
分布 亚洲、欧洲、非洲、北美洲

与其他猛禽相比，秃鹫更善于省力地滑翔。尽管它们也被归为猛禽的行列，实际上这种大型鸟类不怎么捕食，平时主要靠捡食哺乳动物的尸体度日。

鸱鸮科

科鸟类头骨宽大，腿部较短，眼睛像猫，身子像鹰，所以常被称为"猫头鹰"。本科鸟类共有160多种，是世界上分布最广泛的鸟类之一。

主要特征
鸟喙尖硬，呈弯钩状；听觉发达；双眼位于头部正前方，视觉敏锐；脚部覆羽毛，爪子锋利；身上羽毛呈褐灰色，有斑纹。

生活简介
鸱鸮科鸟类白天多隐匿在巢穴中或隐蔽处休息，夜间或晨昏时才飞出来活动。鼠类、昆虫等常在毫无设防的情况下被它们捕食。

不会转动的眼球
猫头鹰的大眼睛炯炯有神，但奇怪的是它们的眼球却不能转动，这意味着它们无法像其他鸟类那样看到侧面的东西。不过，猫头鹰的脖子十分灵活，可以弥补眼球不能转动的不足。

纵纹腹小鸮
纵纹腹小鸮喜欢吃各种昆虫，是一种益鸟，常见于欧洲、非洲东北部以及亚洲的中部和西部。

鬼鸮

体长	23 ～ 26cm
繁殖	窝卵数 3 ～ 6 枚
食性	肉食。以鼠类为主
分布	亚欧大陆、北美洲

鬼鸮外形比较漂亮，会做眨眼、摇头等各种表情动作。但叫声多变，夜晚听起来给人一种阴森可怕的感觉。

雪鸮

体长　55～75cm
繁殖　窝卵数 3～11 枚
食性　肉食。鼠类、鸟类、昆虫等
分布　北极

　　浑身被白色羽毛包裹的雪鸮生活在寒冷的北极，属于一种日行性鸟类。它们居无定所，常以食物多少确定在一个地方的停留时间。迁徙季节，雪鸮会组成小群体共同行动。

猫头鹰飞行时为什么没有声音？

　　猫头鹰翅膀上长着长长的曳尾羽毛，这种羽毛能够降低飞行噪声。所以即使近在咫尺，猎物们也感觉不到它们的存在。

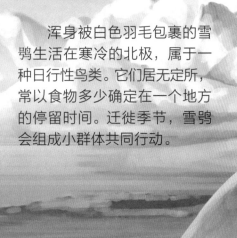

雉科

雉科是鸡形目中的最大科。鸡形目鸟类翅膀圆短，已经退化，喙呈弓形，比起飞行更适宜在陆地生活。雉与我们关系密切，部分成员如家鸡、孔雀等，更是为人们所熟知。

主要特征

头顶多具肉冠或羽冠；喙短粗坚硬，呈弓形；尾长短不一；趾完全裸出。

棕尾虹雉

棕尾虹雉分布在海拔较高的针叶林、草甸以及灌木丛中，依靠植物嫩芽、嫩叶生活。它们对环境的适应力很强，能应对各种严酷环境带来的考验。

生活简介

雉科鸟类的翅膀又短又宽，无法像鹰科鸟类那样进行高空飞行，但它们的飞行速度却毫不逊色。一旦遭遇敌人追捕，很多雉科鸟类都会依靠多变的羽毛进行伪装，躲避危险，或疾速飞走。

印度孔雀

体长 0.9 ~ 2.3m
繁殖 窝卵数 4 ~ 8 枚
食性 杂食
分布 印度、斯里兰卡等地

雄性印度孔雀的颈部、胸部、腹部羽毛均为耀眼的蓝色，因此也被称为"蓝孔雀"。而雌性印度孔雀体色灰暗，体形较小，看起来没有雄性那么吸引人。繁殖期间，雄性印度孔雀会抬起长长的尾巴，用有斑点的羽毛形成一个巨大扇面，向对方展示自己最美的姿态。印度孔雀善于奔跑，是印度人眼中的"吉祥鸟"。

红原鸡

体长	40 ~ 71cm
繁殖	窝卵数 4 ~ 8 枚
食性	杂食
分布	亚洲南部

红原鸡多栖息在热带森林以及次生竹林中,喜欢集群生活。它们是家鸡的野生祖先,外形与家鸡基本相同。红原鸡飞行能力突出,可以在树枝和地面之间自由飞落。雄性红原鸡领地意识很强,常以高声鸣叫宣示主权。

鹌 鹑

体长 15 ~ 22cm
繁殖 窝卵数 7 ~ 15 枚
食性 杂食
分布 除极地外的各大洲

　　鹌鹑飞行能力较弱，只能进行短距离低飞。它们多栖居在气候温暖的地方，昼伏夜出，季节变化时会结群迁徙。

鹭科

鹭科鸟类属于大中型涉禽，主要活动在湿地及其附近林地，是湿地生态系统中的标志性物种。它们生性机警，不喜欢人类接近。本科鸟类常在岸边或浅水中缓慢行走，借机捕食鱼虾。

巨鹭

巨鹭是世界上最大的鹭鸟，多栖息在湖泊、沼泽等湿润地带。它们一般会站在浅水岸边等待猎物出现，然后用大喙啄食猎物。

主要特征

腿部被羽，3趾在前，1趾在后；食道中部突出；飞行时头颈弯曲。

生活简介

鹭科鸟类习惯选择固定的地点营造巢穴。繁殖期间，它们会与伴侣居住在一起。冬季来临，受气温变化影响，大部分鹭科鸟类会迁徙到温暖的地方过冬。

白 鹭

体长 50 ~ 70cm
繁殖 窝卵数 2 ~ 5 枚
食性 肉食。以鱼虾为主
分布 除美洲、极地以外的地方

　　白鹭喜欢栖息在低海拔的溪流、水田、沼泽、河口和沙洲地带。觅食时，聪明的白鹭会把自己又细又长的大脚探入水中，来回搅动。等鱼虾们受到惊吓四处逃窜时，白鹭就趁机"浑水摸鱼"，饱餐一顿。

苍 鹭

体长 0.5 ~ 1m
繁殖 窝卵数 3 ~ 6 枚
食性 肉食。鱼类、昆虫等
分布 非洲、亚洲、欧洲等地区的湿地

　　苍鹭时常将脖颈缩在肩头，单脚站立于水中，双眼注视着水面，纹丝不动地等待鱼群到来。因为这种习性，人们给它们起了个俗称"老等"。平时，苍鹭会与其他鸟类一起栖息在高大的树木上。

黑 鹭

体长 40 ~ 70cm
繁殖 窝卵数 2 ~ 4 枚
食性 肉食。以鱼类为主
分布 非洲

　　黑鹭捕食时，会张开翅膀围成一个圈，在水面上搭成一个"斗篷"。这样不仅能减少水面反射带来的困扰，还能吸引小鱼小虾自己送上门来，因为这很像岸边的树荫。这样一来，黑鹭只需要安静地等待猎物钻进它的"阴凉陷阱"里就可以了。

鸥 科

身姿健美的鸥科鸟类是典型的游禽，常在沿海水域活动，是人类最熟悉的海洋与湖泊鸟种。多年来，人们依据本科鸟类的独特习性，总结出了一些寻找捕鱼地点以及天气变化的宝贵经验。

生活简介

鸥科鸟类属于群栖动物，喜欢聚集在食物丰富的海域。它们善于捕捉鱼类、虾蟹，也捡食人们的残羹剩饭，因此时常尾随船舶飞行。鸥科鸟类因骨骼特殊，能感知到气压变化，天气晴朗时多贴近海面飞翔，天气变坏则会成群飞向海边或聚集在沙滩上。

主要特征

体形中等，体羽多为灰色或白色；鸟喙尖端有钩，尾部多呈圆形；腿脚短，趾间有蹼。

楔尾鸥

楔尾鸥多分布在北半球，数量稀少。夏季，楔尾鸥颈部会出现一条很窄的黑色颈圈，十分别致。

银 鸥

体长 60 ～ 66cm
繁殖 窝卵数 2 ～ 3 枚
食性 肉食。鱼类、水生无脊
椎动物
分布 亚欧大陆、北美洲

银鸥多出现在港口和海滩附近，迁徙时前往内陆河流、湖泊。银鸥动作敏捷，可在空中飞行和滑翔，也善于游泳。

红嘴鸥

体长 35 ~ 45cm
繁殖 窝卵数 2 ~ 4 枚
食性 肉食。鱼虾、昆虫、甲壳类等
分布 除极地外的世界各地

这种鸥与鸽子类似，喜欢集群活动。世界范围内的许多沿海港口、湖泊，都能看到它们的身影。

白鸥

体长 44 ~ 48cm
繁殖 窝卵数约 2 枚
食性 杂食
分布 欧亚大陆、美洲北部

白鸥的羽毛洁白，体态优雅，是海鸥家族有名的"淑女"。它们平时爱吃鳕鱼，有时也吃一些浮游动物。

鸥科鸟类为什么是渔民的好朋友？

鸥科鸟类除了能帮助人们预报海上天气，还能帮渔民找到鱼类富集区。它们主要以鱼、虾、蟹、贝类为食，所以只要准确掌握其捕食地点，渔民们很少有空手而归的时候。

鹊雁

　　鹊雁体羽像鹊，飞行姿势像雁，因此而得名。这种古老的鸟类早在2500万年前就已经出现，现在它们只分布在澳大利亚和新几内亚岛南部的热带沼泽、湖泊以及河流中。

鸭科

　　鸭科鸟类是游禽中种类最多的一科，数量达150多种。除南极洲外，世界各地均有分布。与其他游禽相比，本科鸟类的羽色更加多样，外形更加靓丽。

主要特征
　　羽毛细密；喙部扁平；趾间有宽蹼。

生活简介
　　鸭科成员不仅外形区别很明显，习性相差也比较悬殊。但它们都属游禽，多数有营巢的习性。一般情况下，雄鸟的羽毛颜色要比雌鸟艳丽。

113

鸳 鸯

体长 35 ~ 45cm
繁殖 窝卵数 7 ~ 12 枚
食性 杂食
分布 亚洲、欧洲

鸳鸯是游禽中著名的观赏鸟类。它们善于游泳、潜水和飞行，是鸟类中的"全能选手"，而且还有很高的隐蔽天赋。鸳鸯通常以一雌一雄的形式出现，在我国被视为美好爱情的象征。

鸿 雁

体长 80 ～ 95cm
繁殖 窝卵数 4 ～ 8 枚
食性 植食
分布 亚洲、欧洲、非洲北部

鸿雁比较机警，休息时有专职"哨鸟"负责警戒。一旦有人或兽靠近，它们会立即发出警示声音；其他鸿雁接到暗号，会迅速起飞，逃离危险。鸿雁迁徙过程中喜欢结伴而行，常形成"一"字或"人"字形的整齐队列，有序地飞过天际。

大天鹅

体长 1.4 ~ 1.6m
繁殖 窝卵数 3 ~ 7 枚
食性 杂食
分布 亚洲、非洲、欧洲、北美洲

大天鹅是一种候鸟，多栖息在水生植物茂盛、水域开阔的地方。它们胆小机警，多把巢穴建在人迹罕至的浅水上。迁徙季节来临的时候，这些白色大鸟常结成大群引吭高歌，有序地列队飞往越冬地。有关研究表明，大天鹅的飞行高度在 9000 米以上，所以它们被认为是世界上飞得最高的鸟类之一。

鹦鹉科

归属攀禽的鸟类，既有人们熟悉的鹦鹉，也有善捉害虫的啄木鸟。其中鹦鹉科鸟类达330多种，各个成员之间体形相差悬殊，但大都拥有艳丽的羽毛，十分喜人。它们的视觉辨识能力很强，可做很多滑稽夸张的动作进行表演，有些种类还能模仿人声。

生活简介

鹦鹉科鸟类喜欢群居，在野外经常大声鸣叫。它们平时多攀站于树上，以植物果实、种子以及嫩芽、嫩枝为食，有些成员也吃昆虫和花粉。

主要特征

喙弯曲，有钩；上颌有可活动的关节；脚短，均为对趾。

虹彩吸蜜鹦鹉

虹彩吸蜜鹦鹉因其如彩虹般绚丽的体羽而闻名。它们活泼好动，经常飞来飞去。虹彩吸蜜鹦鹉喜欢吸食花蜜，所以还扮演着蜜蜂的角色，帮助植物传播花粉。

黄蓝金刚鹦鹉

体长 86 ～ 95cm
繁殖 窝卵数 2 ～ 3 枚
食性 植食。坚果、种子等
分布 美洲

　　黄蓝金刚鹦鹉是体形最大的鹦鹉之一，它们色彩艳丽，性情温和，非常惹人喜爱。黄蓝金刚鹦鹉兴奋时，会发出响亮的"嘎嘎"声。

鹰头鹦鹉

体长 32 ~ 36cm
繁殖 窝卵数 2 ~ 4 枚
食性 植食。果实、种子等
分布 南美洲

　　鹰头鹦鹉颈部长有一圈颜色艳丽的羽毛，当它们情绪激动时，这圈羽毛就会竖立起来，特别像印第安人的头饰。

红牡丹鹦鹉

体长 12～18cm
繁殖 窝卵数4～6枚
食性 植食。果实、种子、嫩芽
分布 非洲

红牡丹鹦鹉被称为"爱情鹦鹉"，它们常常成对出现，配偶之间感情甚笃，亲密无间。这种鹦鹉数量庞大，是人们喜爱的宠物鹦鹉之一。

金背三趾啄木鸟

　　金背三趾啄木鸟栖息在气候温暖的热带、亚热带林地。它们多成对活动，伴侣之间十分依赖，常以鸣叫相互召唤。

啄木鸟科

　　啄木鸟科鸟类有210多种，除南极洲和大洋洲外，世界各地均有分布。它们是一类中小型攀禽，长有十分锐利的爪子，攀登树木的技艺格外突出。因为经常捕食危害树木生长的害虫，本科鸟类被称为动物界的"森林医生"。

主要特征

　　多数种类头顶长有红色羽毛；脚爪强健，多具4趾，对趾足；尾羽刚硬，可作支撑；舌细长，伸缩自如。

生活简介

　　啄木鸟科鸟类多在树木上凿洞营巢。它们攀登树木时，喜欢以嘴叩树，而且频率非常快。本科鸟类的捕食本领高超，带有黏液的长舌只需一伸，就能轻易将昆虫纳入口中。

大斑啄木鸟

体长 20 ~ 25cm
繁殖 窝卵数 3 ~ 8 枚
食性 杂食。以昆虫、
无脊椎动物为主
分布 欧亚大陆

大斑啄木鸟是最常见的啄木鸟之一。它们喜欢在树洞中营巢。不过，这个巢穴并不是永久性的，每年它们都会凿出新洞进行"搬迁"。

"鸣鼓"捕食

啄木鸟非常聪明，这种聪明体现在捕食策略上。当它们发觉虫子有可能躲在树干深层时，就会不停地叩击树木。虫子听到连续不断的"鸣鼓声"，便会心生恐惧，四处逃窜。而啄木鸟就会守在它们逃生通道的出口等候，将这些害虫生擒活捉。

黄冠啄木鸟

体长	23 ~ 27cm
繁殖	窝卵数 2 ~ 4 枚
食性	杂食。以昆虫为主
分布	亚洲

黄冠啄木鸟枕部有艳丽的黄色羽冠，颊部有一条白色条纹，是非常惹眼的一种啄木鸟。它们常结成小群或混在其他鸟群中生活，平时活泼好动，比较喧闹。

啄木鸟的舌头有什么奥秘？

啄木鸟的舌头能伸出喙外达 12cm，这长度着实令人惊叹。科学研究表明，它们的头颅内有一根卷曲的管道，而这根管道恰恰是为了安置长舌而存在的。另外，啄木鸟的长舌上长有带着黏液的钩刺，昆虫只要碰到就会被钩出树洞，成为它们的美味。

黄鹂科

黄鹂科鸟类归属鸣禽，大多身着金黄色的外衣，体形极为优雅。人们有时亲切地称呼它们为"金衣公子"。黄鹂科鸟类不仅叫声特别动听，还善于捕捉害虫，非常受人类欢迎。

主要特征

喙又粗又长；鼻孔裸露，上有薄膜；翅膀尖长，尾短，羽毛鲜丽。

朱鹂

朱鹂栖息在丘陵或山区的落叶林、混交林中。它们的羽毛是扎眼的红色、黑色，这让朱鹂成了黄鹂家族中的异类。

生活简介

黄鹂科鸟类是一种中型鸣禽，所有成员均属于树栖性鸟类。它们喜欢把巢穴建在树梢上，当摇篮来用。本科鸟类食性复杂，既吃害虫，也吃浆果。

金黄鹂

体长　22～26cm
繁殖　窝卵数3～5枚
食性　杂食
分布　亚洲、欧洲、非洲等地

金黄鹂基本上都栖居在高大树木的树冠层，很少到地面去。它们性格孤僻，多独自或成对活动，很少聚集成群。

极乐鸟科

极乐鸟科鸟类堪称雀形目中最风姿绰约的成员。它们多拥有漂亮的饰羽和艳丽的羽毛，极具观赏性，被誉为"天堂之鸟"。本科鸟类特别钟爱顶风飞行，被人们亲切地称为"风鸟"。

生活简介

极乐鸟科鸟类多单独或成对生活，平时主要以水果和昆虫为食，偶尔也吃些蜗牛、蜥蜴。它们喜欢用枯叶、树枝、苔藓等材料建巢，巢穴通常建在山岳地带。

新几内亚极乐鸟

新几内亚极乐鸟又名红羽极乐鸟，属于大型极乐鸟中的一员。它们奉行多配偶制，为了获得雌鸟青睐，雄鸟们会尽力抢占高地，以便心仪者能看到自己。

主要特征

雄性体态华丽，羽毛具有金属光泽；多数喙短，装饰性羽毛极富变化。

第三章

爬行动物

爬行动物主要包括喙头目、龟鳖目、蜥蜴目、蛇目、鳄目等几大类。

喙头蜥科

喙头蜥科动物，是如今仅存的喙头目动物。而本科动物也只有两种，即喙头蜥和棕楔齿蜥。它们只分布在新西兰北部沿海的少数小岛上，数量稀少，濒临灭绝。

喙头蜥

喙头蜥又叫楔齿蜥，是典型的夜行性动物。它们受到惊扰时会快速躲避起来。但是，倘若遇到心仪的猎物，喙头蜥只要咬到就不会轻易松口。

生活简介

喙头蜥科动物大多栖息在海鸟筑成的地下洞穴中。它们能与海鸟和睦相处，互不侵犯。平时，本科动物多以昆虫和软体动物为食，寿命较长者可达100多岁。

主要特征

脊椎的椎体呈凹型；具有保护眼睛的瞬膜；头骨长有容纳颌肌的颞孔。

蟒蚺科

蟒蚺（rán）科爬行动物归属有鳞目动物，分布于热带地区，都是比较原始的低等无毒蛇类。很多体形巨大、食量惊人的蛇都是这个家族的成员，其中就包括世界上最重的蛇——绿水蟒。

生活简介

蟒蚺科的动物一般栖息在树上或水中，也有的栖息在沙土里。它们以各种脊椎动物为食，卵生。雌蛇一般可以产几十枚卵，最多能达到100多枚。它们有伏蜷在卵上的习性。

主要特征

鳞片较小；有爪状后肢残余。

网纹蟒

网纹蟒是世界上最长的蛇，只在夜间活动。白天，网纹蟒多半藏在茂密的树林或树洞里休息。

红尾蚺

体长 1.8 ~ 3m
食性 肉食。爬行动物、哺乳动物等
分布 中美洲、南美洲及加勒比海附近的一些岛屿

红尾蚺的身体多以红色或棕色为基调，而尾部是砖红色的，背部则以褐黄色的斑纹为主。值得一提的是，它们的尾巴十分有力，能将猎物牢牢缠住。

如何捕杀猎物？

蛇类的舌头能分辨出空气中的各种味道，脸部颊窝则能感知到物体热量。它们就是凭借这两项技能追踪猎物的。蟒蚺科动物一旦捕得猎物，就会立刻用身体紧紧缠绕住对方，用力挤压，等到对方窒息、停止挣扎后，再慢慢享受美食。

翡翠树蚺

体长 1.5 ~ 2m
食性 肉食。小型哺乳动物和鸟类等
分布 南美洲

　　白天，翡翠树蚺慵懒地蜷在树上。到了晚上，它们开始活动。那时，翡翠树蚺虽然还是蜷在树枝上，但它们会将头向下伸，时刻准备对路过的猎物下手。

眼镜蛇科

眼镜蛇科动物分布十分广泛，除欧洲外，其余几大洲都有它们的身影。本科动物成员包括许多剧毒蛇，占毒蛇种类的一半以上。

黑曼巴蛇

黑曼巴蛇的口腔是黑色的，它们因此而得名。黑曼巴蛇是非洲最长的毒蛇，也是世界上爬行速度最快的蛇，可达16～20千米／小时。

主要特征

圆形瞳孔；上颌骨较短，不能竖起；有固定的短前牙；身体修长。

生活简介

眼镜蛇科动物可分为卵生或卵胎生。它们基本栖息在陆地上。穴居或生活在落叶内的眼镜蛇拥有非常亮丽的颜色。

眼镜王蛇

眼镜王蛇是体形最大的毒蛇，一条成年蛇一次的排毒量能达到300多毫克，对人和其他动物都有极大的危害。它们生性凶狠，食物匮乏时甚至会吃同类。发怒时，眼镜王蛇会竖起前半身，将颈部膨胀起来，随时准备发动进攻。

体长 1.2 ~ 4m
食性 肉食。其他蛇类、鸟类和鼠类等
分布 非洲、南亚、东南亚

中华眼镜蛇

体长 1.2 ~ 2m
食性 肉食。鸟类和小型哺乳动物
分布 中国、老挝、越南

中华眼镜蛇，又名舟山眼镜蛇，属于大型蛇类。它们脾气不好，很容易被激怒，攻击性很强。

银环蛇

体长 1～1.8m
食性 肉食。鱼类、蛙类、蛇类和鼠类
分布 亚洲东南部

　　银环蛇体背有黑白相间的环纹，头部和颈部是黑色的，腹部则是乳白色的。它们是我国台湾地区六大毒蛇之一，毒性很强。可是银环蛇的性情却很温和，除非受到威胁，否则很少主动发起攻击。

避役科

避役俗称变色龙。避役科动物因能根据光度、温度、湿度等因素变换身体的颜色而得名。这些成员主要分布于广阔的非洲大陆和马达加斯加岛。

琥珀变色龙

琥珀变色龙是目前已知最小的一种变色龙，只生活在马达加斯加岛北端蒙塔涅的琥珀山地区。它们白天活动，夜晚休息。

生活简介

变色龙科的动物大多栖息在树上，不过，有时也会在草本植物上发现它们的身影。变色龙科的成员是卵生或卵胎生的，雌性通常能在潮湿的土壤中产下多达 50 枚的卵。

主要特征

身体侧扁，尾可扭曲成螺旋状；头上常生有角、嵴或结节；舌长，舌尖宽；两眼突出，可分别转动；每足有 5 趾。

豹变色龙

体长 22 ～ 45cm
食性 杂食。以昆虫、无脊椎动物为主
分布 马达加斯加岛

豹变色龙的长舌头可以在 0.003 秒就击中 50 厘米内的猎物。另外，豹变色龙还有一个秘密，那就是它们永远不会变成紫色。

变色

自然界中的动物大都是通过调节黑色素的聚集和发散来变色的，而变色龙却是通过调节皮肤表面的纳米晶体改变光的折射，进而实现变色的。这样做，不仅能让它们外表看起来更加华丽、吸引异性，还能使自己更好地隐匿在自然环境中，躲过捕食者的视线。

高冠变色龙

体长 45 ～ 65cm
食性 杂食
分布 马达加斯加岛等地

高冠变色龙因头上的突出肉冠而得名。据说，这个
由骨板构成的别致肉冠具有收集水分的作用。它们对环
境的适应能力很强，是非常漂亮的一种变色龙。

138

犀角变色龙

体长 12 ~ 27cm
食性 肉食。以昆虫为主
分布 马达加斯加岛

　　犀角变色龙是一种极具特色的变色龙，头上长着突出的"犀角"。这种变色龙喜欢栖息在干燥的落叶林区。

壁虎科

壁虎科是蜥蜴目动物的第二大科，它们的足迹遍布世界各地。壁虎以出色的攀爬能力享誉动物界。墙壁、天花板等看似无法攀爬的地方，壁虎总有办法上去游览一番。

枯叶平尾壁虎

枯叶平尾壁虎还有一个名字，叫枯叶守宫。它们是平尾壁虎属中最小的一种，重量只有7~8克。

主要特征

体形大多扁平，皮肤柔软；体背常覆盖粒鳞或疣鳞；无眼睑，瞳孔大多垂直；尾易断，可再生。

生活简介

在树林、山区、荒漠及人类居住的房屋内，都有可能看到壁虎科动物。它们是夜行侠，大多在夜间活动，主要以捕捉昆虫为食。壁虎大多为卵生，有几种为卵胎生。

大壁虎

体长	约 30cm
食性	肉食。小鸟、昆虫、小壁虎
分布	亚洲东南部和南部

大壁虎是最大的壁虎，也是我国国家二级保护动物。随着环境的不同，它们身体的颜色也会有所变化，拥有极强的伪装能力。

141

马达加斯加残趾虎

体长 15 ~ 20cm
食性 肉食。昆虫、小型无脊椎动物
分布 马达加斯加塞舌尔群岛

　　马达加斯加残趾虎被
世界自然保护联盟列为"极
危物种"，栖息在马达加
斯加岛东南部的托拉纳罗
沿海森林中。它们只在那
里的露兜树上产卵。

蜥蜴科

蜥蜴科的成员大多体形较小，长着长长的尾巴和发达的四肢。在欧亚大陆都有它们的足迹。

主要特征

体细长；瞳孔圆形，眼睑发达；舌长而薄；尾长，易断裂，可再生。

普通壁蜥

普通壁蜥喜欢生活在有岩石的环境中。但在城市中，我们也能看到它们的身影。普通壁蜥的天敌为猫、蛇和一些猛禽。

生活简介

蜥蜴科动物多栖息在开阔的草丛中或森林中，平时喜欢捕食昆虫。

蓝斑蜥

体长 60~80cm
食性 肉食。昆虫、小型蜥蜴等
分布 欧洲

蓝斑蜥也叫珠宝蜥，因体表有很多淡蓝色的斑点而得名。这种蜥蜴体形十分粗壮，头部和上下颚均比较发达。

谁的尾巴最长？

蜥蜴科成员的尾巴都很长，但要论尾巴最长者，就不得不提南草蜥。南草蜥的尾巴长度是身体的两倍。它们喜欢栖息在开阔的草地。

绿翡翠蜥蜴还有一个很长的名字，叫作伊比利亚祖母绿蜥蜴。它们的四肢不仅长，而且充满力量，攀爬岩石是它们的拿手本领。

绿翡翠蜥蜴

体长 12cm 左右
食性 肉食。昆虫和小型鸟类等
分布 西班牙、葡萄牙

鳄科

鳄科包括14种鳄鱼，它们的足迹遍布亚洲、非洲、美洲和大洋洲热带地区的很多角落。鳄科最著名的成员是湾鳄，因为它们是现存体形最大的爬行动物，体重达1吨。

主要特征

皮肤覆盖骨板；吻部中型大小。

生活简介

鳄科的鳄鱼是非常沉着的猎手，在伏击猎物的时候，它们会将整个身子沉入水下，只露出口鼻和眼睛。

古巴鳄

古巴鳄体黑而有黄斑，而且眼球之上的位置还有骨质凸起。它们脾气暴躁，生性凶狠好斗，能整个身体跳出水面进行捕食。

尼罗鳄

体长 2.4 ~ 6m
食性 肉食。鱼类、羚羊等大型哺乳动物
分布 非洲

尼罗鳄是一种大型鳄鱼，是非洲凶猛的猎食者。尼罗鳄拥有强壮的身体，通常采用的捕食方法是将猎物赶入水中，然后咬住它们一圈又一圈地旋转，最终撕咬成块，吞进肚子里。据说，成年尼罗鳄为了在水中保持平衡，还有吞食石块的有趣习性。

侏儒鳄

体长 1m 左右
食性 肉食。蟹、青蛙及鱼类
分布 非洲中西部

侏儒鳄又叫非洲侏鳄，是
世界上体形最小的鳄鱼种类。
它们的胆子也很小，受到威胁
时会立即潜入水内，并在河底
的洞穴中躲起来。

湾鳄是体形最大的鳄鱼，也是世界上现存最大的爬行动物。它们具有极高的领地意识，任何进入其领域的生物都会被视为猎物，即使是人类也不能幸免。湾鳄还有一个名字叫"裸颈鳄"，因为它们是鳄目中唯一颈背没有大鳞片的成员。

湾 鳄

体长 2.5 ~ 7m
食性 肉食。泥蟹、龟、巨蜥等
分布 亚洲、大洋洲

海龟科

海龟科是龟鳖目动物中的一科，是具有角质盾片的大型龟类，在全世界的暖水性海洋中都能看到它们游动的身影。本科动物食性复杂，无论是鱼虾和头足类动物，还是海藻类植物，都是它们眼中的美食。

主要特征

体形较大，宽扁，近心形；头大，尾短；四肢呈桨状，有1~2爪，都不能缩入龟甲。

生活简介

海龟科动物大多时间生活在海水中，但是繁殖期会返回陆地产卵。每年海龟科动物会产卵2~3次，每次大概有几十至两百余枚卵。

丽　龟

丽龟，又叫太平洋丽龟，是海生龟类中最小的一种。丽龟有一个保护自己的好东西，那就是它们身上坚固的甲壳。在受到袭击时，它们能把头、尾及四肢全都缩回龟壳里。

绿海龟

体长　1～1.2m
食性　杂食。以海草和水藻为主
分布　全世界范围

绿海龟的脂肪是绿色的，它们因此而得名。绿海龟的背甲一般是茶褐色或暗绿色的，具有从中央向四周放射的斑纹，非常美丽。令人惊讶的是，为了适应海水中的生活环境，它们还在眼窝后面长出了排盐的腺体，能够把体内过多的盐分排出体外。

小海龟在哪里出生？

雌海龟会亲自在岸边沙滩上挖掘巢穴，然后把卵产到那里。卵孵化后，幼龟们就会从沙巢中钻出来，成群地奔向大海。它们步履匆匆，否则随时都有可能被肉食动物吃掉。

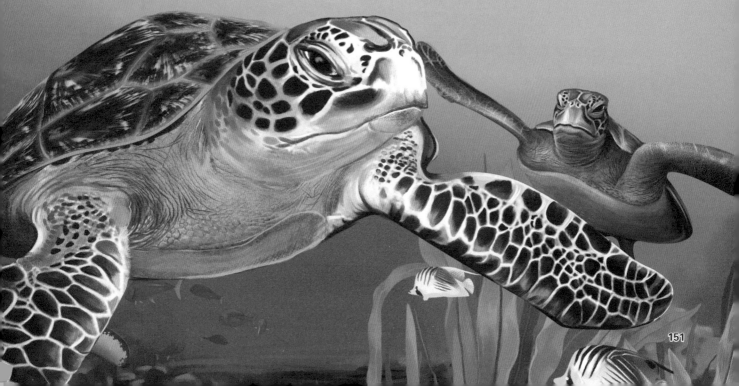

玳瑁

体长 65 ~ 85cm
食性 肉食。鱼虾及螺类
分布 热带和亚热带海域

　　玳瑁（dài mào）是现存
最古老的爬行动物之一。它们
的嘴长得很像鹦鹉，还有一条
短短的小尾巴，通常不露出甲
外。最令人惊叹的是，玳瑁居
然能消化坚硬的玻璃。

陆龟科

除了澳大利亚和南极洲以外，全世界大陆和岛屿都是陆龟科动物活跃的天地。陆龟科家族的成员们有着高高隆起的背甲、粗壮的腿，还有长着爪子的足。

主要特征

四肢粗壮，呈圆柱形；背甲高高隆起；指、趾骨不超过2节；有爪，无蹼。

生活简介

陆龟科动物主要以植物为食，它们对不同环境都有很好的适应能力，尤其可以经受住干旱环境的考验。

四爪陆龟

四爪陆龟是一种小型龟类，是我国国家一级保护动物。由于只有4只脚趾，所以被命名为四爪陆龟。它们喜欢干燥而凉爽的天气，大多在夜晚活动。

153

印度星龟

体长 30 ~ 38cm
食性 植食。草、树叶、水果
分布 印度、巴基斯坦、斯里兰卡

印度星龟有着星状凸起的
节状龟壳。它们是喜水生物，
在潮湿的雨季尤为活跃。

安哥洛卡象龟

体长 37 ~ 41cm
食性 植食
分布 马达加斯加岛

安哥洛卡象龟是世界上最稀有的物种之一。它们前脚间的胸甲突出来，长得就像犁耙一样。安哥洛卡象龟是群神秘的家伙，只在早晨或傍晚才出来活动，剩下的大部分时间都躲在草丛或灌木丛下。

鳖科

除海龟科、陆龟科外，龟鳖目动物还包括鳖科。本目的动物寿命比较长，一般可活数十年，有的甚至高寿到200多岁。鳖科动物主要生活在亚洲、非洲和北美洲的淡水水域。它们的独特之处在于身上没有角质盾片，而是覆盖着革质的皮肤。

生活简介

鳖科动物大都是肉食性动物，性情凶猛。因为特别的革质皮肤可以起到辅助呼吸的作用，所以它们善于游泳，能在水下停留很长时间。

主要特征

体表覆革质皮肤；颈长，头与颈能缩入甲内；吻端形成管状吻突。

刺鳖

刺鳖有时也被称为角鳖。它们生性胆小，一般都隐匿在山川和湖泊中。

中华鳖是一种珍贵、经济价值较高的水生动物，主要生活在水流平缓、鱼虾丰富的江河湖沼、池塘、水库等淡水水域。中华鳖有一个本事，就是能在陆地上爬行、攀登。

中华鳖

体长 约30cm
食性 肉食。鱼、虾、昆虫
分布 亚洲

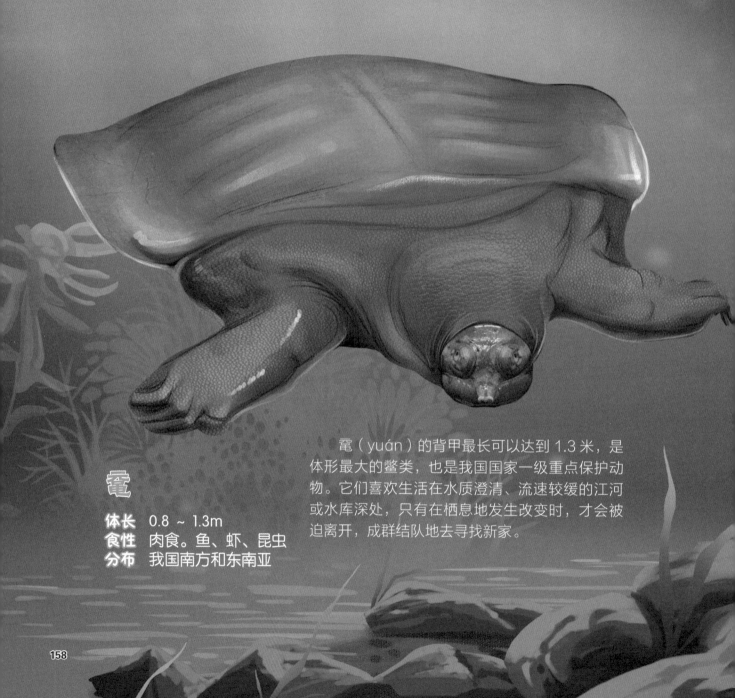

鼋

体长 0.8 ~ 1.3m
食性 肉食。鱼、虾、昆虫
分布 我国南方和东南亚

鼋（yuán）的背甲最长可以达到 1.3 米，是体形最大的鳖类，也是我国国家一级重点保护动物。它们喜欢生活在水质澄清、流速较缓的江河或水库深处，只有在栖息地发生改变时，才会被迫离开，成群结队地去寻找新家。

第四章

两栖动物

大多数两栖动物在水中出生，经过"变态"后进入陆地，拥有水陆双重生活的本领。

鱼螈科

鱼螈科动物是典型的无足目动物,主要分布于亚洲的热带地区。它们身上有很多环褶,还有其他脊椎动物所没有的感应触须。

生活简介

鱼螈科的成员大多是卵生的,在卵被孵出来之前,雌性螈会非常认真地用身体盘绕着后代,以保证它们的安全。

主要特征

眼可见,触突距眼远;上、下颌各有 2 排牙齿;尾短,尖突。

版纳鱼螈

版纳鱼螈的背部是棕黑色的,侧面还有一条黄色的纵带纹。它们喜欢栖息在水草丛生的山溪、池边以及土地肥沃的田边。

蝾螈科

蝾螈科是有尾目动物的一科，广泛分布于北半球的温带地区，包括欧洲、非洲东北部、亚洲南部和东部、北美洲等地区。虽然这些小动物体长一般都不超过20厘米，但是它们却拥有相当发达的四肢。

冠欧螈

想要分辨冠欧螈的性别非常简单，在它们的繁殖季节，你一眼就能从背上的冠将雄性冠欧螈认出来。除了这个特征，雄性冠欧螈还是舞蹈高手，它们会在水下表演复杂的舞蹈，来吸引雌性。

主要特征

头躯略扁平；
有4个或5个脚趾；
有活动性眼睑。

生活简介

蝾螈科有很多成员是卵生的，这其中有的卵是单生的，有的则是连成一行出生的。这些小家伙大多数是在水中产卵的，不过也有一些例外情况，有一小部分成员会在水源附近的湿土上产卵。

红瘰疣螈

体长 14～18cm
食性 肉食。鱼类、蠕虫
分布 亚洲南部、东南部

红瘰（luǒ）疣螈的生活习性有些特殊。旱季和冬季，它们会隐匿在地下生活；多雨季节，它们才出来活动。

火蝾螈

体长	16 ~ 20cm
食性	肉食。蠕虫和昆虫等
分布	非洲西部和北部、欧洲、亚洲西部

火蝾螈还有两个名字——真螈和火螈，它们在欧洲的名气很大。这种小动物的身体是黑色的，上面有黄色的斑点或斑纹。

艳丽 = 危险

火蝾螈身上的颜色十分艳丽，但事实上，这却是一种无声的警告：我们的皮肤是有毒的，碰了就要遭殃！

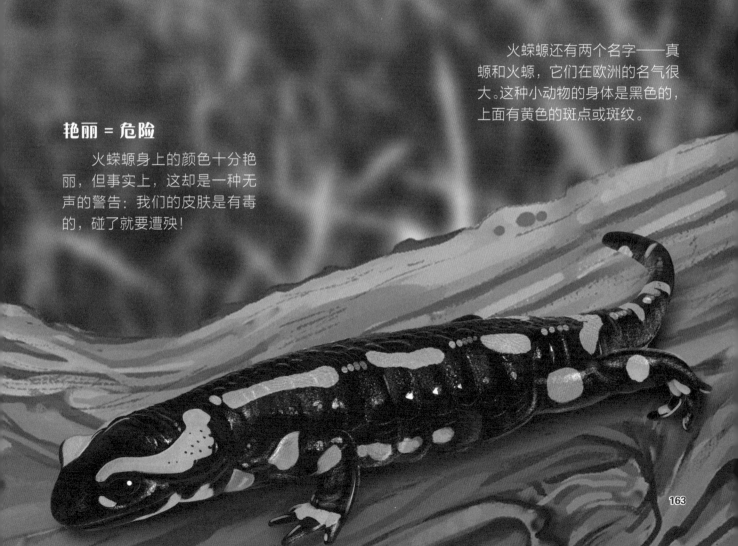

蛙科

蛙科归属两栖动物最大的目——无尾目。本科动物广泛分布于非洲、欧洲和亚洲。它们的皮肤光滑、潮湿，弹跳能力惊人。

北方豹蛙

北方豹蛙的栖息地多样，池塘、沼泽、溪流、森林都有可能是它们的家。不过，它们还是比较喜欢在那些水生植被茂盛的地方生活。北方豹蛙既没有出众的弹跳能力，也不能分泌出难闻的黏液，因此蛇类、小型哺乳动物都以它们为食。

生活简介
蛙科成员大多在白天出来活动。

主要特征
上颌有齿；鼓膜明显隐于皮下；舌一般为长椭圆形。

黑斑侧褶蛙

体长	6 ~ 8cm
食性	肉食。各种昆虫
分布	中国、日本、朝鲜

黑斑侧褶蛙也叫青蛙。它们的后背一般是绿色的，上面还点缀着一些黑斑。池塘、水沟、稻田、水库、小河和沼泽地区都能看到它们的身影。

黑斑侧褶蛙的卵长什么模样？

黑斑侧褶蛙在 3 ~ 6 月份都能产卵。它们的卵是一块一块的，外面包裹着一圈透明的物质，而里面则像黑珍珠一样。

牛 蛙

体长 约 20cm
食性 肉食。环节动物、节肢动物、软体动物等
分布 原产美国东部

牛蛙的叫声很大，而且非常洪亮，就好像牛在叫一样，它们也因此而得名。牛蛙的个头跟一般的蛙相比，体形显得粗壮很多。

沼水蛙

体长 约 7cm
食性 肉食。昆虫
分布 我国各地

沼水蛙是我国国家三级保护动物。它们白天隐匿在阴暗潮湿的洞穴、草丛或石缝中，夜晚才外出觅食。

金线蛙

体长 约 5cm
食性 肉食。以昆虫为主
分布 我国东部

金线蛙因为身上有两个长条褐色斑而得名。它们体形看起来有些肥大，吻端钝圆。这种蛙生性机警，平时喜欢藏在水生植物的叶片下。若发现风吹草动，便会立即跳入水中躲避起来。

黑眶蟾蜍

黑眶蟾蜍是一种夜行性蟾蜍，因吻部延伸出来的黑色骨质脊棱而得名。它们体表的疣粒可分泌毒液，用以自卫。

生活简介

蟾蜍科的动物大都生活在陆地上，有昼伏夜出的习性。值得一提的是，雌性产的卵为念珠状的卵带。

蟾蜍科

除大洋洲和马达加斯加岛外，蟾蜍科的动物广泛分布在全球的温带和热带地区。这是一群身材短粗的动物，它们的背面长着大小不等的稀疏疙瘩，被叫作疣粒。

主要特征

头部有骨质凸起；后肢较短；对环境适应力强。

169

中华大蟾蜍

体长 约10cm
食性 肉食。蜗牛、蛞蝓、蚂蚁、甲虫与蛾类
分布 中国、俄罗斯、朝鲜

中华大蟾蜍俗称"癞蛤蟆"。它们的皮肤粗糙，全身布满了大小不等的圆形瘰疣，还长着一双突出的大眼睛。它们对活动着的物体非常敏感，而对静止的物体反应就有些迟钝了。

走近中华大蟾蜍

中华大蟾蜍一般居住在洞穴中，在石头缝下和草丛之间，也能看到它们的身影。白天，中华大蟾蜍都会潜伏起来；到了黄昏，才会爬出来寻找食物。雨天是中华大蟾蜍喜爱的天气，此时经常能看到它们外出活动的身影。

金蟾蜍

体长　3.9 ~ 5.6cm
食性　肉食。昆虫
分布　南美洲热带雨林

数量稀少的金蟾蜍曾生活在南美洲哥斯达黎加一片狭小的热带雨林中。不幸的是，如今它们在野外已经灭绝了。很多专业人士认为，金蟾蜍灭绝是气候异常、疾病感染以及环境污染等多种因素所导致的。

箭毒蛙科

　　箭毒蛙科有时也被称为丛蛙科，成员主要分布在美洲的热带雨林中。本科动物皮肤可以分泌出剧毒的毒液，当地人常把这些毒液涂抹在箭头上狩猎，所以它们才有了这么个杀气十足的名字。多数箭毒蛙都有着鲜艳斑斓的体色，实际上这些颜色是它们的警戒色，意在警告大家不要招惹它们。

主要特征

　　大多数颜色鲜艳，身上有条纹；体形较小，四肢细长；喜欢温暖潮湿的栖息环境，捕食昆虫。

金色箭毒蛙

　　金色箭毒蛙是世界公认毒性最强的两栖动物之一。它们的毒性是普通箭毒蛙的十几倍，一只金色箭毒蛙皮肤中的毒液足以杀死10个成年人。金色箭毒蛙通体金黄或是橘红，颜色十分耀眼。这种箭毒蛙有时会过起少量群居的生活。

生活简介

　　箭毒蛙科成员主要在白天活动。它们的脚趾上有细小的吸盘，能在光滑的树叶和树枝上来去自如。舌头是箭毒蛙科成员的最佳捕食工具，当白蚁、苍蝇、蟋蟀等昆虫出现时，它们就会快速弹出舌头将这些美食吞入腹中。

草莓箭毒蛙

体长 2 ~ 2.5cm
食性 肉食。昆虫
分布 中美洲南部

　　草莓箭毒蛙主要分布在中美洲哥斯达黎加潮湿的热带雨林中，其成员众多，体色五彩斑斓。虽然草莓箭毒蛙的毒性不强，却可以散发出难闻的气味，这是它们保护自己的最佳武器。

体长 3 ~ 4cm
食性 肉食。昆虫
分布 南美洲苏里南

钴蓝箭毒蛙有着蓝色的皮肤，皮肤上均匀分布着黑色的斑块，当它们处于黑暗的环境中时，通身就会呈现出宝石般耀眼的深蓝色。钴蓝箭毒蛙的皮腺也能分泌毒素，所以一般情况下人类和动物都不敢轻易接近它们。

第五章

鱼类及鱼形动物

鱼类以及鱼形动物大多有鳍
和鳞片，用鳃呼吸。

七鳃鳗科

七鳃鳗科属于圆口纲，是一种低等脊椎动物，因眼睛后面、身体两侧各有7个鳃孔而得名。但因这7个鳃孔与眼睛排成一行，它们也被叫作"八目鳗"。本科成员大多都栖息在淡水水域中，一半种类过着寄生生活。

生活简介

七鳃鳗科动物一生只产1次卵，多寄生在其他水生动物身上。当它们还是幼体时，靠滤食生活。等成熟以后，就会进食寄生动物的血液和体肉，慢慢地使寄主死亡。

欧洲溪七鳃鳗

欧洲溪七鳃鳗体形较小，一般分布在欧洲淡水水域，不会迁移到海中。

主要特征

有1~2个背鳍；眼发达；无口须；齿长在口盘和舌上。

海七鳃鳗

体长 45 ~ 95cm
食性 肉食。鱼类
分布 美国、加拿大、欧洲

　　海七鳃鳗有两个背鳍，是大型物
种。它们常附着在鲨鱼身上生活。

电鳐科

电鳐科是软骨鱼纲的一科。本科鱼类泳姿独特，胸鳍和头部之间有一个神秘的发电器官，能够轻易电晕猎物。一般情况下，人类和动物都不敢招惹它们。

生活简介

电鳐科鱼类喜欢把自己埋在泥沙中，静候猎物出现。它们发出的电量有时足以麻痹一个成年人，所以猎物们只要被电到，逃生的概率很小。

主要特征

鳃裂和口均位于腹部；尾鳍较小，吻不突出。

石纹电鳐

石纹电鳐体表分布着很多花纹，当它们隐藏在泥沙里时，几乎能与周围环境融为一体。传说古希腊人在做手术时，就曾用它们电晕病人。

双电鳐

体长 20 ~ 25cm
食性 肉食。甲壳类动物、水生蠕虫
分布 太平洋中部海域

双电鳐也是一种能发电的鳐科鱼类。它们外表靓丽，身上有铜钱大小的黑色圆环。

银鲛科

这是一群看上去有些懒洋洋的鱼类。它们长相怪异，西方人常称之为"幽灵鲨"或"鬼鲨"。

生活简介
银鲛科的鱼类喜欢栖息在深海里，常常在晚上活动。贝类、甲壳类和小鱼都是它们的食物。

大西洋银鲛

大西洋银鲛长着一对大大的、呈绿色的眼睛，身体表面呈棕色，上面分布着白色的条纹，背鳍上有毒刺。大西洋银鲛是高寿物种。

鲸鲨科

鲸鲨科只包括一种鲨鱼，那就是世界上最大的鱼类——鲸鲨。鲸鲨体表散布着淡颜色的斑点，还有纵横交错的淡色带，就像棋盘一样。

生活简介

别看本科鲨鱼是大块头，但它们的性情却很温和，平时只吃小型鱼类和浮游生物。它们的足迹广布各热带和温带海区，不过由于被大量捕杀，数量已经减少了很多。

主要特征

身体庞大；牙多而细小，排成多行；2个背鳍。

鲸鲨

鲸鲨重达十几吨，这简直可以与海中巨无霸——鲸鱼相媲美了。它们虽然外表惊人，但个性乖巧，不会轻易发怒，不具有攻击性。要论鲨鱼中谁最温柔，鲸鲨绝对能拔得头筹。

鲟科

与软骨鱼纲相对的硬骨鱼纲包括鱼类家族的绝大多数种类。其中，鲟科鱼类生活在海洋以及比较大的河流、湖泊中。它们体形出众，寿命很长。不过可惜的是，因为人类的猎杀，鲟科的一些鱼类正面临灭绝的危险。

中华鲟

中华鲟幼时从长江游入东海、南海的大陆架地带，到了一定年纪（约15岁）就会洄游到江河之中产卵繁殖。

生活简介

鲟科鱼的口长在头的腹面，善于伸缩，旁边还有感官灵敏的吻须，摄取无脊椎动物、小鱼等食物。

主要特征

身体上覆盖着5纵列的骨板；成鱼没有牙齿；口前长有2对吻须。

刺海马

刺海马身上长着很多发达的小刺，只有尾巴上的不太明显，这些小刺尖端基本都是黑色的。

生活简介

海龙科的成员们喜欢将长长的尾巴卷附在海藻上，这能让它们的身体保持平衡，就算水流再大，也不用害怕被冲走。

海龙科

海龙科鱼类虽然没有什么食用价值，却被视为很名贵的中药原料。而且，本科鱼类观赏性极高，很多成员都是海洋馆的宠儿，应该加强保护。

主要特征

1个背鳍；身体覆盖着膜质骨片；没有腹鳍；尾细长。

叶海龙

体长 30 ～ 45cm
食性 肉食。小型甲壳类、浮游生物
分布 澳大利亚西南海域

叶海龙的身上布满了形态优美的"绿叶"，这让它们在游动的时候摇曳生姿，因此得到了"世界上最优雅的泳客"的称号。

巴氏豆丁海马

体长 约 2.4cm
食性 肉食。浮游动物及
　　　 小型甲壳类
分布 西太平洋

　　巴氏豆丁海马是世界上最小的海马之一。它们有着肉质的头部和身体，吻部很短。巴氏豆丁海马具有极佳的保护色，善于伪装，这让它们在栖息的柳珊瑚中很难被发现。

斗鱼科

斗鱼科的鱼是生活在淡水中的小型鱼类，一般体长在6~7厘米。它们个头不大，体表颜色艳丽，可是脾气却很不好，以凶残好斗而著名。

斗鱼什么时候最美？

斗鱼在静止状态时，体色比较晦暗；但当搏斗发怒时，常常连自己的生命都不顾，此时全身会放出炫目的金属光彩，非常漂亮。

叉尾斗鱼

"鱼如其名"，叉尾斗鱼不但尾鳍是叉形的，而且特别好斗。

暹罗斗鱼

体长 5 ~ 6cm
食性 杂食。以浮游动物、甲壳类动物为主
分布 泰国和马来西亚

暹罗斗鱼以美丽和善斗而闻名。它们长着特殊的迷鳃，只需到水面吸入空气，就能直接获得氧气。

圆尾斗鱼

体长 不超过 13cm
食性 杂食。以稻田害虫及孑孓为主
分布 中国、日本、韩国

圆尾斗鱼的尾鳍是圆形的。相对来说，圆尾斗鱼的分布范围比较广，搏斗能力比较差。

蓝枪鱼

蓝枪鱼多生活在温暖的海洋表层。它们的分布范围受季节和气温影响较大。温暖季节，蓝枪鱼分布范围向北扩展；寒冷的冬季，它们多集中在赤道附近。

旗鱼科

旗鱼科鱼类因有一根利剑般的上颌骨而得名。它们的身体呈流线型，泳技高超，捕食功力十分了得。

主要特征

体被针状鳞，肤质粗厚；口稍微向前突出；上颌骨格外突出。

生活简介

旗鱼科鱼类"骁勇善战"，常用长吻攻击猎物，属于典型的肉食鱼类。它们活跃在 200 米以上的水层，有时也会跳出水面。

大西洋旗鱼

体长 2 ~ 3.2m
食性 肉食。小鱼、软体动物
分布 太平洋、印度洋、大西洋

这种旗鱼多见于大西洋热带以及亚热带海域。它们性情凶猛，善于攻击和追踪猎物。

蝴蝶鱼科

蝴蝶鱼科鱼类分布于大西洋、印度洋以及太平洋的热带、暖温带海域。本科鱼类拥有十分艳丽的体色，大多是著名的观赏鱼。

生活简介

蝴蝶鱼科鱼类生性胆小，只要受到一点惊吓，就会迅速躲入珊瑚礁或岩石缝中。它们以浮游甲壳动物、珊瑚虫、蠕虫、软体动物和其他微小生物为食。

主要特征

头小，口小；体侧扁，菱形或卵圆形；体被栉鳞；尾鳍后缘截形或圆凸。

领蝴蝶鱼

领蝴蝶鱼很容易辨认，它们的眼后有一条灰白色的横带，还有一条橘色的小尾巴。

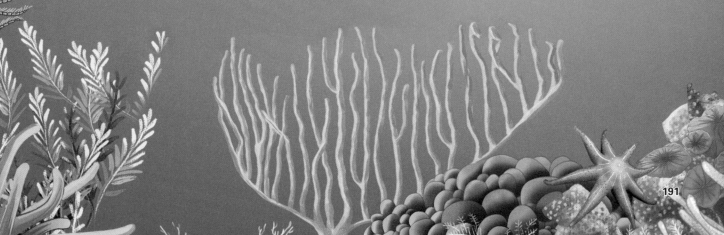

扬幡蝴蝶鱼

体长 约 23cm
食性 杂食。藻类、小虾蟹、珊瑚虫
分布 印度洋、太平洋

扬幡蝴蝶鱼因喜欢在海面上巡游，背鳍常露出水面而得名。这种鱼体纹特征明显，有 5 条从背鳍延伸向头部的暗色斜线，体下方有 10 条斜线。

马夫鱼

体长 约10cm
食性 肉食。寄生虫、小鱼、小虾
分布 印度洋、太平洋

马夫鱼长得很特别，它们的背鳍上有11根鳍棘，而第四根格外长，就像一根小鞭子。它们喜欢温暖的环境，是暖水性鱼类。

鲑科

鲑科鱼类分布地域较广，但主要集中在北半球高纬度地区。它们是著名的冷水性经济鱼类，在世界渔业上的地位仅次于鲱鱼和鳕鱼。

洄游为何如此悲壮？

大马哈鱼是鲑鱼的一种，也是动物界的一支"迁徙"名军。每年的夏秋之际，生活在太平洋北部的大马哈鱼都会成批迎流而上，艰难跋涉4800多千米，到出生的河流上游的河床去产卵。抵达目的地后，它们便不再进食，直到产卵结束后才悲壮地死去。

主要特征

两颌有牙；有脂鳍；最后脊椎骨向上弯。

生活简介

鲑科鱼类大多栖息在温带水域。它们有的终生生活在江河、湖泊里，还有的生活在海洋里，繁殖期到淡水里产卵。

红大马哈鱼

红大马哈鱼在海水中生活时，背部为蓝绿色，腹部呈银色。可当它们返回淡水繁殖时，全身会变成亮红色，头部则变为淡绿色。

美洲红点鲑

体长　25 ~ 31cm
食性　肉食。昆虫、软体动物等
分布　加拿大东部

　　美洲红点鲑是世界五大鲑鱼种类之一，幼年多吃浮游生物，成年后吃昆虫以及更大的猎物。通常可以在水质纯净、氧气丰富、比较寒冷的溪流中见到它们的身影。

驼背大马哈鱼

体长 最长 76cm
食性 肉食。昆虫、甲壳类动物等
分布 太平洋北部

　　驼背大马哈鱼因雄鱼在繁殖季节后背明显隆起而得名。它们生活在海里时体表是银色的，洄游到溪流时则变成淡灰色。驼背大马哈鱼对产卵场地要求十分严格，不仅环境要僻静，水质要清澈，底质还要是沙砾地。

雀鲷科

雀鲷科成员可谓鱼类中的精灵，在全世界的热带海域都有分布。它们个性活泼，体表艳丽，经常穿梭在珊瑚礁中。

主要特征

身体呈圆形；口稍微向前突出；体表被栉鳞，颜色艳丽。

生活简介

雀鲷科鱼类是热带鱼的一大家族，也是珊瑚礁有名的"房客"。它们身姿灵活，生性机警，有时喜欢聚集成小群巡游。本科鱼类主要以小型无脊椎动物为食。

五带豆娘鱼

五带豆娘鱼身上有5条间距均匀的暗色横带，格外美丽。它们生性机警，不易接近。

小丑鱼

体长 约11cm
食性 杂食。以寄生虫、鱼类残渣为主
分布 太平洋、印度洋温暖海域

小丑鱼也叫眼斑双锯鱼，因脸上的白色条纹好似京剧中的丑角而得名。这也是让它们成为受欢迎的观赏鱼的一个原因。

小丑鱼与海葵是共生关系

海葵触手中含有有毒的刺细胞，很多海洋动物都难以接近。但体表有保护性黏液的小丑鱼却不怕，它们似乎与海葵达成了某种默契。平时小丑鱼漫游在海葵的周围，为其吸引一些小鱼当食物；而小丑鱼一旦遇到危险，就会躲到海葵的保护伞下。

第六章

无脊椎动物

相对于脊椎动物而言，无脊椎动物是比较低等的群体，它们最明显的特征就是没有脊椎。这个群体成员数量惊人，占动物总数的 95% 以上。

夜光虫

体长 0.5 ~ 2mm
分布 世界海域

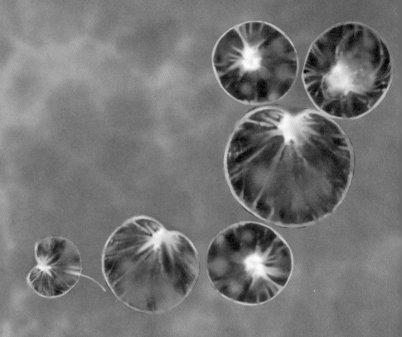

夜光虫受海水波动的刺激能够发光，以吞食浮游动物为生。当夜光虫与其他腰鞭毛虫大量繁殖时，容易引发赤潮。这种情况下，它们会排出很多代谢物腐败海水，致使鱼类、贝类大量死亡。

夜光虫、草履虫属于原生动物。原生动物是一个最原始、最低等的单细胞动物群体。个体十分微小，通常要借助于显微镜才能看见。

草履虫

体长 0.18 ~ 0.3mm
分布 世界各地淡水区域

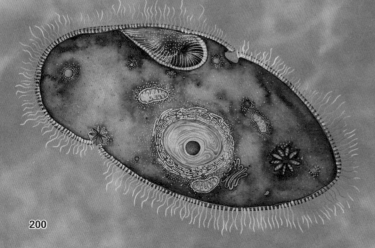

草履虫因外形看起来像倒放着的草鞋底而得名。它们是一种雌雄同体的原生动物，依靠吞噬营养物为生，其中包括各种藻类和细菌。

狮鬃水母

体长 直径约 2m
食性 肉食。小型鱼类、其他水母
分布 北半球较冷海域

　　狮鬃水母是世界上体形最大的水母之一。它们的触手上布满了感受器，能预知到未来十几个小时内将要来临的风暴。这种水母的生命力十分顽强，即使遭到敌人的猛烈攻击，伤损严重，它们也能在很短的时间内迅速重生。

　　红珊瑚、狮鬃水母均属于腔肠动物。这类变化繁多的无脊椎动物靠特有结构——刺细胞来捕食和防卫。

红珊瑚

体长 可达 1m
分布 赤道附近海域

　　红珊瑚是珊瑚中的瑰宝。它们生长在深海里，生命周期甚至有千万年，是生命周期最长的动物之一。红珊瑚以浮游生物为食，只需要极少的营养成分就可以顺利生长，生命力极其顽强。

库氏砗磲

体长 约 1m
分布 浅水珊瑚礁

库氏砗磲（chē qú）是世界上最大的贝类。它们多栖息在阳光充足、浮游生物丰富的热带浅海区，并以浮游生物等为食。这种砗磲边缘很厚，上面通常附着着大量海藻，看起来就像涂了几层口红一样。

巨型章鱼

体长 3 ~ 5m
食性 肉食。虾蟹、鱼类、蛤蜊
分布 北太平洋各个海域

巨型章鱼与其他章鱼一样，拥有非常发达的感官和聪明的头脑。它们的触手上长有密密麻麻的吸盘，每个吸盘上还有上千个化学感受器。平时，这些大家伙就是用触手感受环境变化、捕捉猎物的。

大王乌贼

体长 18 ~ 20m
食性 肉食。鱼类
分布 太平洋、大西洋深海

大王乌贼是海洋生物中的"巨人"，体重甚至能达到 23 吨。相传，它们的性情十分凶猛，能掀翻船舶，杀死鲨鱼。

皇帝巴布蜘蛛

体长 12 ～ 20cm
食性 肉食。昆虫、老鼠、蜥蜴
分布 非洲东部

皇帝巴布蜘蛛是节肢动物这一群体中的一员。喜欢穴居，常在夜晚活动。它们性情比较凶猛，见到心仪猎物便会发动猛烈袭击。如果猎物难于制伏或者挣扎强烈，它们就会采取闪电战术，用毒牙一口咬住猎物，让猎物彻底失去反抗的能力。

兰花螳螂

兰花螳螂是世界上最高明的掠食者之一。它们不仅外形出众，还能根据兰花的颜色做出各种拟态，迷惑敌人和猎物。

体长　3～6cm
食性　肉食。各种昆虫
分布　马来西亚热带雨林

黄 蜂

体长 约 2cm
食性 杂食。花蜜、其他幼虫
分布 全世界

　　黄蜂又称马蜂，是群居动物，族内成员十分团结。当有敌人来犯时，工蜂们会群起而攻之。如果敌人过于强大，工蜂还会亮出长螯针，向对方猛力刺去。人被蜇伤后，皮肤立刻红肿，疼痛。严重者会出现全身水肿、昏迷，甚至死亡。

君主斑蝶

翅展 8.9 ～ 10.2cm
食性 植食。乳草属植物
分布 美洲以及西南太平洋

　　君主斑蝶是一种以食用有毒的乳草属植物防身的特殊蝶种。它们体态华丽，翅膀上有明显的暗色花纹，善于飞行，常在日间结成大群活动。